KB072034

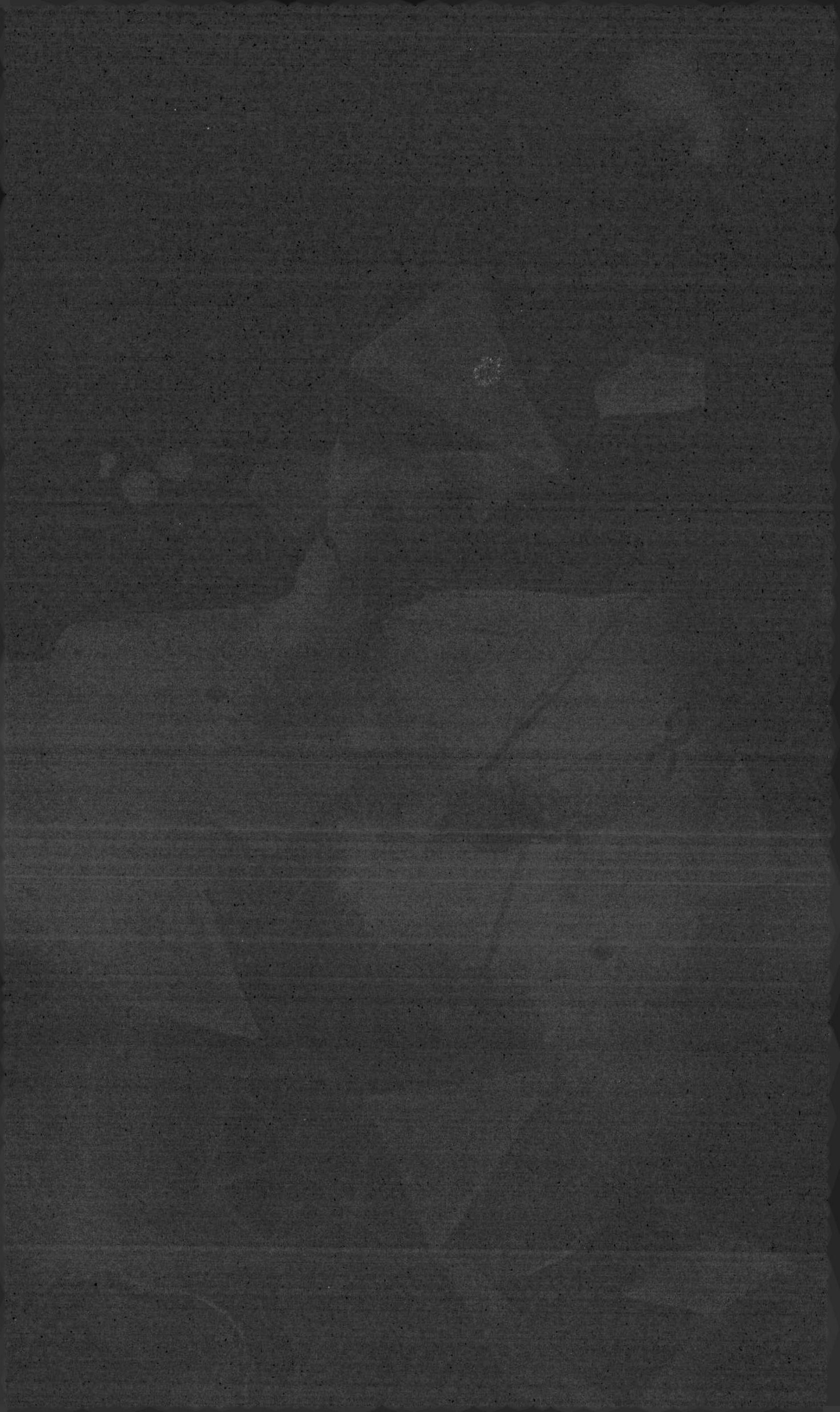

제4의 언어: 내부의 속삭임

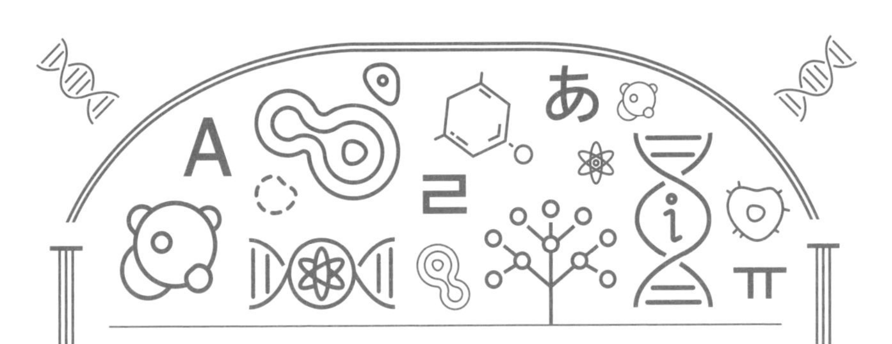

제4의 언어

THE FOURTH LANGUAGE

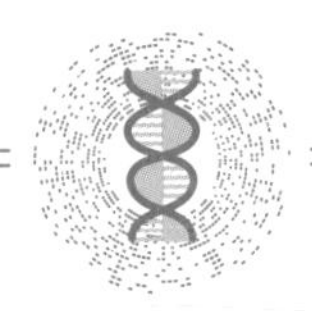

내부의 속삭임

Whisper of the insider

엄승호 지음

이제 내부로부터 들려오는 속삭임에
귀를 기울일 시간

사람의무늬

모든 것을 함께 헤쳐 온 사랑하는 아내 윤심과
이 세상의 또 다른 작은 나,
사랑하는 아들 Q에게 감사와 사랑을 담아

서문

'웨드 다 이비 토!(Wed Da Ivy To!)', 이는 당대 최고의 슈퍼 악당을 그들의 보스로 섬기기 위해서 전 세계를 찾아나서는 미니언(Minion)들의 언어이다. 생소한 이 말은 '반가워!'란 뜻이다. 우리가 미니언에 흥미를 가지고 일부러 알아보지 않는다면, 아마 우리 중 누구도 그 의미를 알 수 없을 것이다.

2016년 우리나라 극장가에 소개된 드니 빌뇌브 감독의 《컨택트》에서도 이와 비슷한 경험을 하게 된다. 어느 날 갑자기 전 세계 하늘은 온통 외계에서 날아온 우주선들로 덮이게 된다. 외계 생명체와의 소통을 위해서 미국 나사NASA는 급히 저명한 언어학자인 주인공 루이스 뱅크스 박사를 찾아 나서게 된다. 그녀가 외계와 조우한 후 시간이 지남에 따라 그녀는 외계 생명체의 언어뿐만 아니라 그들을 조금씩 이해하게 된다.

영화 속의 꿈속 영상이나 인물들 간의 대화 중간에 감독은 '매순간마다 사고는 언어의 지배를 받는다'라는 '사피어-워프의 가설(Sapir-Whorf hypothesis)'을 의도적으로 반복시킨다. 영화를 관통하고 있는, 외부 언어에 녹아든 철학적 주제는 관객들에게도 무의식적으로 주입된다. 마치 그 가설은 우리에게 이 영화를 통해서 실험되는 것 같다. 결국 뱅크스 박사는 외계인과 소통하여 미래를 보게 되고, 극한의 공포에 질려 있는 지구인들을 안심시키고, 돌이킬 수 없는 파멸이 일어나지 않도록 중재한다. 이 영화 속에서는 결국 극적으로 소통에 성공하여 아름다운 해피엔딩으로 끝맺지만, 소통의 부재로 인해 우리가 경험할 수 있는 비극은 언제나 상상 이상으로 끔찍하다.

2013년 4월 13일, 〈뉴욕타임스〉에 할리우드의 유명 여배우 안젤리나 졸리의 충격적인 인터뷰 기사가 실렸다. 그녀의 인터뷰는 세상을 발칵 뒤집어 놓았다. 자신이 유방암에 걸리지 않았음에도 가족력으로 인해 자신도 같은 암에 걸릴 확률이 매우 높다는 사실을 인지한 후 극도의 두려움을 느끼던 그녀는 양쪽 유방을 절제하는 결정을 내렸다. 2년 후, 그녀는 자궁과 난소마저 절제했다. 그녀는 미래에 닥칠 수 있는 수많은 위험에 대한 극한의 공포를 이기지 못하고 최악의 결정을 내린 것이다. 이 비극적 소식은 그녀와 같은 상황의 많은 사람들에게 전파되어, '예방적 유방 절제'에 대한 때아닌 붐을 일으키게 만들었다. 혹자는 이게 왜 불통에서 오는 새드엔딩의 대표적인 예인지 궁금해 할 것이다. 이 일화는 이 책의 주제인 '내부의 속삭임'(제4의 언어, 즉, 내부의 유전언어)을 듣지 않은 결과를 보여주는 대표적인 예로 소개할 만하다.

우리는 하루에도 수십, 수만 번, 아니 그 이상으로 신체의 안과 밖으로부터 끊임없는 대화 요구를 제안 받는다. 사소한 듯 늘 스쳐 지나가는 이런 일상적인 대화는 서로 잘 전달될 때도 있고, 그렇지 않을 때도 있으며, 어느 땐 큰 고민 없이 쉽게 무시되는 경우도 많다. 그렇지만 이 소통의 결과는 앞서 본 바와 같이 경험이 주체인 우리에게 극과 극의 경험을 선사한다. 그렇다. 이 책에서 우리는 작고 소소한 우리 내부와의 일상적인 대화로부터 일생의 소중한 결과에 대해서 고민할 것이다. 특히 내부 유전언어라는 생소하지만 흔한 개념에 대해서 소개하는 첫 번째 시간이다.

흔히 우리는 이의 경험을 예술 작품들을 접하면서 자주 만나고 있다. 뜻하지 않게도 작품 속의 자기 내면과 생각지도 않게 조우하면서 말로 형언할 수 없는 감동(감정)에 휩싸이고 있다. 이는 일생에서 일대 전환기로 다가오기도 한다. 그것은 단 한 장의 사진 혹은 16~17세기 이탈리아 명화 아니면 TV나 라디오에서 흘러나오는 유명 오페라의 한 소절 속, 그 웅장한 울림 속에서만 느껴지는 본인만의 비밀스런 것일 수도 있다.

무라카미 하루키는 1987년 작 『노르웨이의 숲』(우리에게는 '상실의 시대'로 잘 알려진 작품)을 탈고하면서, 이는 비틀즈의 노래《노르웨이의 숲》가사를 듣고 비밀스런 영감을 받아서 집필했다고 고백하였다. 나도 유명 작가의 멋진 감동을 흉내 내보고 싶어서 그러했는지는 잘 모르겠지만, 흠모하는 드니 빌뇌브 감독의 작품에 깊이 빠져 있는 몽중한 중에서 이 글의 주제인 내부와의 '소통'을 비밀스럽게 꿈꾸게 되었다고 고백하고 싶다.

우리가 흔히 아는 언어는 일반적으로 사람과 사람이 사상과 감정을 표현하고 의사소통을 하기 위한 수단으로서 사람이 살아가고 있는 사회 내에서 필수적인 일종의 관습 체계라고 할 수 있다. 호모 사피엔스(*Homo sapiens*)의 출현으로 시작된 현 인류는 이전의 인류들(예를 들면 네안데르탈인 등)과 달리 농경을 시작하게 되면서 비옥한 일정 지역 내에서 집단 군집생활을 하게 되었다. 군집생활을 하는 여러 집단이 통제되면서 점차 개인의 사회화가 진행되고, 점차 국가라는 더 효율적인 시스템을 갖춘 제국으로 발전하게 되었다. 이때부터 개인은 물론 국가와 국가 간의 사회경제활동을 위한 상호소통의 수단이 절실히 필요하게 되었고, 이는 체계적인 언어시스템이 필수화되는 동기가 되었다. 집단화되기 이전에는 개개인의 생리적인 불편함을 표현하기 위해서 동식물들을 흉내 내어 소리나 몸짓을 만들어내면서 단순화된 소통이 가능했을 것이다. 이때 최초의 인류 언어가 탄생하게 되었을 것으로 추측된다.

언어로 인한 서로 간의 소통은 문명 발전을 이끄는 등 기여한 점도 있지만, 한편으로는 개인 간 혹은 집단 간 빈부의 격차를 발생시키고 지배 문화가 형성되도록 만들었다. 결국 이는 인류의 비극을 만들어 가기 시작하였을 것이다. 서로의 불균형을 어느 정도 이해해가면서 보다 진보된 인간 문명에 대한 심각한 고민이 있을 때, 소통의 수단인 언어는 계급을 지배하고 공공연히 통치하며 군림할 수 있는 수단으로 점차 발전되어 갔으며, 결국은 인간의 역사를 만들어갔다. 이런 언어-이 책에서 설명하는 언어는 두 가지 종류가 있어서 앞으로 소개할 내부(유전) 언어와 구분하여 이것은 외부 언어라고 부르도록 한다-를 통한 가시적인 인류 역사의 혁명이 이해되면서 이제 인간의 굶주린 눈길은 점차 그 내부의 목소리-즉, 내부(유전) 언어-에 집중되기 시작하였다.

외부 언어의 기나긴 활동 중에 인간은 괄목할 만한 발전을 이룩하였다. 그러나 이런 가운데 태초에 생명체가 있었을 거라 생각되는 35억 년 전부터 한결같이 그 내부로부터 울리고 있는 목소리에는 정작 귀를 기울이지 못했다. 사실은 그것으로부터 지금의 현대 문명이 발생되었음을 전혀 자각하지 못하고 말이다. 최근에서야 과학 문명의 혁신적인 발달 덕분에 우리는 내부에서 들려오는 그 목소리에 조금씩 귀를 기울일 수 있게 되었다. 이는 우리 속 몇몇 괴짜 선각자들에 의해서 시도된 (당시엔 터무니없었던)일들로 가능하게 되었다(지금 우리는 이를 매우 감사하게 생각해야 할 것이다).

이 책에서는 지금부터 우리에게 이 내부로부터 들려오는 속삭임, 고귀한 목소리(혹은 휘파람, 신호등 등으로 불릴 수 있는 의미가 전달될 수 있다면 지금은 그것이 무엇이든 괜찮을 듯하다) 들을 자각시키고, 그와 외부와의 소통을 설명하려고 한다. 이는 데이비드 버코비치 David Bercovici가 『모든 것의 기원』(2017년)에서 물질의 기원을 설명하는 과정을 연상시킨다. 즉 지구 탄생 동안 수소-헬륨의 단계를 넘어 탄소입자가 생성되고 알파 입자 연쇄 반응(Alpha chain process)으로 한 번에 하나씩 입자가 추가되면서 '탄소(C)'→ '산소(O')→ '네온(Ne)'→ '마그네슘(Mg)'→ '실리콘(Si)'→ (…) → '철(Fe)' 순으로 물질이 지구상에 만들어지는 과정과 유사하다.

외부의 언어에 둘러싸여 있는 내부 목소리의 모습은 마치 지구 탄생 초기 동안 중심부에는 무거운 원소가 형성되고, 표면에는 상대적으로 가벼운 원소가 존재해 가는 핵융합 반응을 포함한 복잡한 기술적 단계의 최종 모습과도 중첩된다. 표면에서 복잡하게 인과관계를 맺고 사는 인류는 현재에도 일관성 있게 그 명맥을 유지하고 있는 내부의 정돈된 목소리로부터 일어나는 복잡 미묘한 융합 과정의 현상에 크게 의지하고 있다. 버코비치의 기원에 대한 설명은 이질적인 듯하지만 관점을 달리 보면 이 책의 내용과도 일맥상통한다.

이 책의 첫 부분인 '1부 외부 언어'에서는 의사소통과 인류 문명의 상관관계로 피상적인 언어를 정의하고, 이의 개인적이고 집단적인 관점에서의 구체적인 기능들에 대해서 재조명한다. 역사적 과정 속에서 소통의 효율을 높이기 위하여 모든 인간이 공통적으로 나눌 수 있는 단일 언어의 진화가 예상되었으나 신이 되고자 했던 인류는 개성을 너무나 강조한 나머지 절대 쌓아올리지 말아야 할 '바벨탑'을 건설하게 된다. 이는 결국 신의 분노로 이어지고 우리 모두는 분열하게 된다. 이를 계기로 우리는 서로 다름을 강조하며 살아가게 되었고, 때론 원래 하나임을 잊어버리게 된다.

수천 개로 늘어난 언어는 (다수의 전쟁을 통해서) 현재 수백 개로 급격히 줄어들었지만, 살아있는 언어의 무리는 다양한 종족(지금은 국가지만)을 대표하며 인류의 소통을 늘 방해하고 있다. 이런 인간의 언어들(여기서, 외부 언어, 제3의 언어 혹은 거시적 언어라고 표현한다)이 무한의 시간 속에서 세대와 종족을 일일이 구별해 가며 한없이 쪼개어지는 그 가운데에서도, 어떠한 것에도 굴하지 않고, 거의 변하지 않고 70만 년 동안 그 고유성을 굳건히 유지해 온 언어가 현재에도 활발히 사용 중이라는 사실은 대단히 놀랍다. 이는 내부(유전) 언어(여기서, 필자는 이를 거시적 개념의 외부 언어와 대적하여 미시적 언어 혹은 제4의 언어라고도 표현한다)로, 우리 몸 내부에서 현재까지 살아 숨 쉬고 있는 언어를 말한다. 이 내부 언어는 우리가 현재 소통하는 언어와는 조금 달라 보인다. 이 내부(유전) 언어 간의 긴밀한 상호작용은 현 인류의 생존을 위한 모든 (생체대사) 과정을 이끌고 오랫동안 존속시키는 어마어마한 공력을 발휘하고 있다. 일반 언어와 같이 진화의 폭풍우 속에서도 순응하며 결과론적으로는 도태되지 않고, 오히려 그 효용가치를 극대화시키며 살아 숨 쉬고 있다.

'2부 내부(유전) 언어'에서는 이와 같은 고귀한 내부(유전) 언어의 분자 유전학적인 편협(偏狹)화 된 시선을 고찰하고, 이를 넘어서 외부 언어들과의 가능한 연계점들을 찾아내어 생명 언어의 깊이를 재조명해 보는 시간을 갖는다. 인류가 직면한 현재의 문제점들(예를 들면 소통의 오류 및 부재를 통한 세대 간 및 인종 간 갈등 등)을 해결하는 데 있어서 이는 큰 도움이 될 것으로 예상된다. 인류 탄생 이전부터 존재해온 가장 오래된 언어를 돌이켜 생각해보면서, 앞으로 현 인류가 생존하기 위한 미래를 예측해 보는 것도 의미가 있을 것이다.

지구상에서 수많은 생명체들이 수십 수백 년 동안 아주 찰나의 짧은 시간 내에서 조직화되고, 그 생명들을 영위시키며 복제하고 세대 군을 형성·유지하는 것을 수도 없이 목격하게 된다. 우리의 역사 속에서 세대 간의 끊임없는 재생산이 있었고 때론 불완전한 복제 과정으로 인하여 그 일부만이 필연적으로 생존하는 등 극한의 악조건 하에서도 이 언어는 뛰어난 전략을 발휘하여 주변 환경에 철저히 순응해가며 지금까지 진화하였다. 이들 언어는 인류 전체의 선(善)을 향한 긍정적인 역사를 써 나가고 있다. 앞서 소개한 생명력이 유한한 (외부)언어들과는 달리 수백억 년 전부터 지속된 불멸의 언어로서 그 가치는 몹시 위대하여 점점 더 높은 평가를 받아야 한다. 각종 위협들로부터 전 인류가 위협받는 순간에도, 이 내부의 목소리가 다시금 우리를 구원할 때가 반드시 올 것이다.

내부의 언어는 끊임없이 외부의 언어로 재현되고 외부의

언어는 내부의 언어로 다시 숙지된다. 지구상의 모든 종들 중에서 유일하게 언어를 활용할 수 있게 된 인간은 이들의 소통으로 자신은 물론 세계를 지배할 수 있게 되었다. '잘 소통하고 있는가'라는 근원적인 질문과 함께 이들 매개 수단의 무한한 발전 가능성에 대한 궁금증이 남아 있게 된다.

'3부 소통'은 소통의 효율에 대한 질문과 더불어 진보된 과학 문명 덕분에 그렇게 궁금해 하던 내부를 드디어 인간이 탐구할 수 있게 된 이야기를 담았다. 더 나아가 사용하는 외부 언어와의 깊은 연계성을 밝혀내는 과정을 자세히 설명하고 있다. 여기서 '자연 상태의 인간(자연 인간)'은 '공학적 인간(공학 인간)'으로 진화하게 되고, 더 나아가 '초융합 인간'으로 성장해 가는 단계적 발전을 그릴 수 있게 된다.

마지막으로 '4부 미래'에서는 이런 소통의 발전 속에서 우리 미래에 대해서 다시 곰곰이 생각해 본다. 바이러스의 침투로 인하여 내부의 언어에 조금씩 변형이 가능해진다면? 심지어 나노공학 기술의 발전에 따라 인간이 원하는 것을 내부의 언어 속에 몰래 심어 넣을 수 있는 상황이 자행된다면, 우리 미래는 어떻게 될 것인가라는 물음을 던진다. 이곳에 우리가 있다. 이런 행위는 우리에게 덕이 되고 제4차 혁명을 일으켜서 전 인류를 구원해 낼 수 있을까? 아니면 '신인류'의 출현을 유도하여 인류의 제노사이드를 무한히 가속화시킬 지도 모른다.

무엇이 필요하고 올바른지 알기 위해서는 이제 생명 탄생부터 인류와 함께 존재하였던 가장 오래된 사멸하지 않는 언어, 모든 생명체들이 함께 소통할 수 있는 내부의 (유전)언어, 즉 제4의 언어에 기대어 볼 때가 아닌가 생각해 본다. 인류가 밝은 미래를 원한다면, 이제는 우리에게 가장 오래된 이 제4의 언어가 들려주는 현명한 가르침을 귀담아 들을 필요가 분명히 있을 것이다.

이 책은 관련 분야 전문가만 이해할 수 있는 어려운 내용을 일반인들도 쉽게 이해할 수 있도록 하기 위해 노력하였다. 그러나 어려운 주제인 만큼 일부 구성에서 조금씩 전문적인 배경 지식이 필요할 수도 있다. 가능한 모든 설명은 일상생활에 보편화된 '과학 언어'들을 사용하여 표현하기 위해서 노력하였다.

가능한 전문적인 계산이나 수치 등 일반인들이 이해하기 어려운 내용들은 과감하게 생략하였다. 몇몇 전문가들은 이 비약적인 표현들에 대해서 상당한 거부감을 느낄지도 모르겠다. 과학 문명은 모두가 공유할 수 있는 인류의 소중한 재산이니 그

대중화를 위한 노력에 불쾌감보다는 넓은 아량으로 이해해 주시기를 부탁드린다. 학생들과 일반 독자들은 이 책을 통해서 언어와 생명 그리고 생존을 이해하고 다가올 미래를 함께 진지하게 고민할 수 있기를 바란다.

이 책이 세상의 빛을 보는 데 여러 분들이 도움을 주셨다. 고개 숙여 진심으로 깊은 감사의 인사를 드린다. 먼저, 늘 부족한 아들을 걱정해 주시고 격려와 따끔한 조언을 아끼지 않으시는 사랑하는 부모님과 형제들에게 깊은 감사를 드린다.

품격 있는 교수가 될 수 있게 훌륭한 가르침과 솔선수범으로 참 실천을 아끼지 않으시고, 이 책의 집필에도 역시나 많은 격려와 촌철살인을 아끼지 않으셨던 존경하는 지도교수님인 코넬대학교의 댄 루오 교수님께 깊은 감사를 전한다. 또한, 늘 전공 서적에만 갇혀 있던 (무식한) 나에게 지난 3년 넘게 다양한 철학서와 문학 도서들의 신세계를 소개해 주시고 자극을 아끼지 않으셨던, 이번 집필에 불을 지펴주신 성균관대 화학공학부 독서모임의 한귀영 교수님과 채희엽 교수님은 물론 같은 과 여러 교수님들께도 깊은 감사를 드린다.

아울러, 글을 멋지게 편집해주신 성균관대학교 출판부의 구남희 에디터와 멋진 삽화들을 그려주신 나의 누님 엄인선 화

백에게도 깊은 감사를 드린다. 마지막으로 성균관대학교 신생체 모사 재료 및 면역공학 연구실(ABMi)과 디나노(DNANO) 창업 멤버들, 수업을 듣는 내 어린 제자들과 늘 믿어주시고 아껴주시는 모든 분들께 이 기회를 통해서 다시 한번 감사의 인사를 드린다. 그들이 없었다면, 이 황량한 지구별에 고립되어 무척 외로웠을 것 같다.

contents

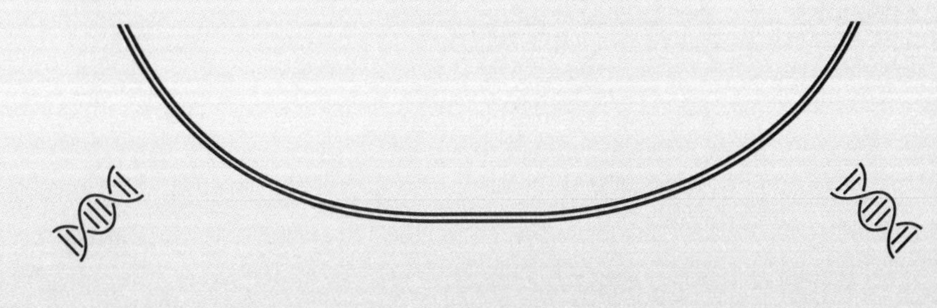

3부 소통

4부 미래

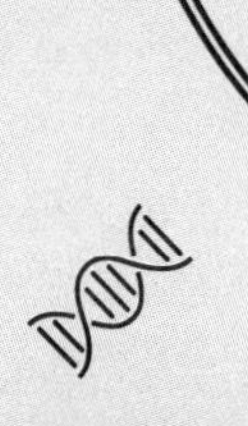

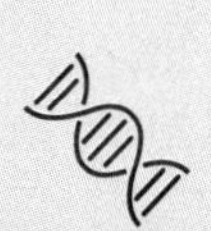

천명(天命)을 알지 못하면
군자가 될 수 없고,
예를 알지 못하면
세상에 당당히 나설 수 없으며,
말하는 법을 알지 못하면
사람의 진면목을 알 수가 없다.

- 공자, 『논어』 중에서

1부

외부 언어

DNA

언어의 탄생: 인간 문명의 탄생

이 책을 관통하는 물음인 '내적 언어와의 소통'에 관한 현명한 해답을 찾아가기 위해서 먼저 일상적으로 사용하는 피상적인 언어, 우리가 잘 아는 익숙한 언어의 기원을 추적하는 것부터 시작해보자.

우주가 138억 년 전 빅뱅으로 탄생하면서 이와 함께 갓 태어난 지구는 온갖 어려운 상황에서도 결국 원시 생명을 탄생시키게 되었다. 광합성의 출현으로 대기 중에 산소 농도가 급격히 증가하는 가운데 스스로를 적응시킬 수 있는 호기성 세포만 기하급수적으로 많이 만들어졌다. 5,400만 년 전 단세포 생물이 다세포 생물로 변환되어 가면서 다양한 생물군들이 폭발적으로 만들어지기 시작하고, 캄브리아기 폭발기를 건너 드디어 지금으로부터 600만 년 전 '인간의 조상'이라 부를 수 있는 최초 인류

가 지구상에 나타났다.[1]

우여곡절을 겪으면서 이는 현생 인류인 호모 사피엔스로 최종 진화하였다. 250만 년 전 아프리카 어느 부근에서 현재 인류와 같은 속에 속해 있는 최초의 인류가 석기를 사용하며 생활하였다. 이들은 현생 인류와 같은 다양한 종들로 분화되면서 7만 년 전부터는 전 대륙을 탐험했다고 한다. 이들은 주변에 살던 대형 동물들을 멸종시키고, 언어를 창조하였다.

12,000년 전부터 온화한 기후가 오랜 기간 이어지면서, 인간은 동물을 길들이고 식물을 재배하며 농경생활을 시작하게 되었다. 기후가 온화해지면서 대기 중 증발과 강우가 선순환되는 가운데 작물 수확량이 대폭 증가하였고, 인간은 충분한 식량을 확보하게 되었다. 석기로 땅을 경작하면서 규모는 작지만 작

---

1 인간의 기원의 역사는 1,800만 년 전에 원숭이의 가계에서 대형 유인원과 소형 유인원으로 분리되고, 대형 유인원은 오랑우탄과 고릴라로 분리된 후 700만 년이 되어서야 침팬지와 인간으로 분리되었다. 인간은 호모 사피엔스(*Home sapiens*)라고 불리며 현재 한 가지 종만 남아 있다.
이러한 분리의 원인에 대해서 데이비드 버코비치는 '차가워진 땅'과 '융기된 땅' 등의 환경적 변화를 주장한다. 1,500만 년에 마지막 호미니드(*Hominid*, 인류의 조상, 대형 유인원)가 분화되었다고 말한다. 이후, 약 200만 년 전에 불의 사용과 함께 직립하는 호모 에렉투스(*Homo erectus*)로 발전하였다가 5만 년 전에 사라지고 20만 년 전에 네안데르타인과 호모 사피엔스가 등장한다. 20만 년 전부터 5만 년 전까지는 이들 세 종족이 함께 있었지만, 3만 년 전에 모두 호모 사피엔스에게 정리되었다. 후에 다시 얘기하겠지만, 흥미롭게도 현대인의 유전자에는 네안데르탈인의 유전자가 일부 남아 있다고 한다.

은 집단을 이루어가면서, 필요한 것들을 서로 교환하기 시작하였다. 예를 들어, 비옥한 초승달 지대(Fertile Crescent, 메소포타미아에서 나일 강 유역에 이르는 초승달 모양의 지역)에서 주식은 밀이었다. 동아시아 부근은 쌀, 아메리카 지역에서는 옥수수가 주로 재배되었다.

과거 유목생활에 비하여 상대적으로 풍족하게 살게 되면서 인구수가 증가하고 전체 가구 수도 기하급수적으로 증가했다. 사유 재산이 허락되면서 개인의 영토와 재산을 스스로 보호하게 되고, 동시에 계급화가 점차 진행되게 되었다. 더불어, 범죄가 일어나게 되면서 집단을 통제하는 사상과 종교 및 정치가 급속도로 발전하게 되었다. 제국이 탄생하고 과학이 발달하면서 동식물들이 대량 멸종하고 인간은 독보적인 존재로 점차 성장하게 되었다. 이는 곧 인간이 지구를 넘어서 넓은 우주 공간에 대한 호기심을 끊임없이 분출하게 만들었다.

표. 1을 통해 파라노마 식으로 인류의 파란만장한 역사를 짧게 살펴볼 수 있다. 다른 종들과 비교하여 단연코 인류가 가진 가장 흥미로운 특징은 뭐니 뭐니 해도 스스로 복잡한 언어를 탄생시키고 소통하고 발전시켰다는 것이다. 인지혁명에서 농업혁명 단계로 진입해 가면서 인류는 그들의 군집생활, 무역교류, 집단행정 체제를 잘 이끌어 나가기 위하여 사상을 탄생시키고 원

표. 1 역사연대표

135억 년 전	물질과 에너지 등장. 물리학 시작. 원자와 분자 등장. 화학 시작.
45억 년 전	지구 행성 형성.
38억 년 전	생명체 등장. 생물학 시작.
600만 년 전	인간과 침팬지의 마지막 공통 조상.

250만 년 전	아프리카에서 호모 속(屬) 진화. 최초의 석기 사용.
200만 년 전	인류가 아프리카에서 유라시아로 퍼짐. 다양한 인간 종의 진화.
50만 년 전	유럽과 중동에서 네안데르탈인 진화.
30만 년 전	일상적으로 불을 사용.
20만 년 전	동아프리카에서 호모 사피엔스 진화.
7만 년 전	인지혁명. 창작하는 언어의 등장. 역사의 시작. 사피엔스 아프리카에서 퍼져 나감.
45,000년 전	사피엔스 호주에 정착. 호주 대형 동물 멸종.
3만 년 전	네안데르탈인 멸종.
16,000년 전	사피엔스 아메리카 대륙 정착. 아메리카 대륙 대형 동물 멸종.

13,000년 전	플로레스 인 호모 플로레시엔시스.
12,000년 전	농업혁명. 동물의 가축화와 식물의 작물화. 영구 정착생활 시작.
5,000년 전	최초의 왕국. 글씨와 돈 사용. 다신교 종교.
4,250년 전	최초의 제국 탄생(사르곤의 아카드 제국).
2,500년 전	주화의 발명(보편적 통화). 페르시아 제국(모든 인류의 이익을 위한 하나의 보편적 정치질서). 인도의 불교(모든 존재를 번뇌에서 해방시키기 위한 하나의 보편적 진리).
2,000년 전	중국의 한 제국. 지중해의 로마제국. 기독교 전파.
1,400년 전	이슬람 발생.
500년 전	과학혁명. 인류 스스로 무지를 인정하고 전대미문의 힘을 얻기 시작. 유럽인들. 아메리카 대륙 정복 시작. 지구 전체가 단일한 역사의 무대가 됨.
200년 전	산업혁명. 가족과 공동체가 국가와 시장에 의해 대체됨. 동식물의 대량 멸종.
현재	인간은 지구라는 행성의 경계를 초월. 핵무기가 인류의 생존을 위협. 생명체의 형태가 자연선택보다 지적 설계에 의해 결정되는 경향이 커짐.
미래	지적 설계는 생명의 기본 원리가 될 것인가? 호모 사피엔스는 초인에 의해 대체될 것인가?

[출처: 유발 하라리, 『사피엔스』(2011년)]

활한 전달을 위하여 고급스런 '언어'를 필요로 하게 되었다.

웹스터 사전에 따르면 인간의 언어는 '사상·감정을 나타내고 의사소통을 하기 위한 음성·문자 따위의 수단 또는 그 음성이나 문자의 사회 관습적인 체계'라고 정의한다. 유목생활을 하며 하루하루의 먹거리를 스스로 자급자족하는 단계에서 벗어나, 특정 지역에 정착하여 무리를 형성하고 집단 행위로서 점차 농경생활에 접어들기 시작하였다. 날씨 변화에 따라 재배하는 작물들의 풍작을 기대할 수 있게 되었고, 점차 계절에 따른 수확량의 변화를 경험하면서 풍요로운 이득을 위해서 더 노력하게 되었다.

효율을 높이기 위해서 무엇보다 서로 간의 협업이 중요했다. 날씨와 생활의 변화를 기록하고 일을 분업하는 등 효율적인 성과를 위한 고급스런 언어가 절실히 필요하게 되었던 것이다. 자급자족의 농경생활을 하는 단위 사회가 점차 확장되고 집단 스스로 만들어내지 못하는 생필품을 주변과 서로 교환하는 소비를 경험하게 되면서 점차 집단의 세력화가 진행되었다. 결국 국가가 갖추어지면서 부유한 제국이 탄생하게 되었다. 복잡한 사회를 통제하기 위해서 규범을 기록하고 강조하게 되는 순간이었다. 이는 이전 유목생활 중에 단순한 몸짓과 소리를 만들어 상호소통하던 언어의 기능이 지배의 수단이자 부족의 교육

과 역사의 전달을 위한 장엄하고 쓸모 있는 유용한 도구로서 다 변화되기 시작하는 시점이었다.

여기서 우리는 역사와 함께 변하는 우리 언어의 단계적 발전을 보게 된다. 원시 유목 시절에 개별적으로 산재되어 있던 제1의 언어(몸짓과 소리)에서 초기 정착을 하며 공동체 생활 중에 알게 된 제2의 언어(부족 언어)를 지나, 부족의 통합과 제국의 탄생으로 공통적으로 사용할 수 있게 되는 제3의 언어를 우리 생활 속에서 실천하고 있다. 단순히 개인의 이익을 넘어서 집단 구성원으로서 전체의 번영을 생각하는 그 순간부터 언어는 그들의 역사적 사건들을 꼼꼼히 기록하는 문자로서 현명하게 둔갑하여 쉼 없이 비약적인 발전을 거듭하게 되었다(문자는 언어의 기록이므로 '언어'와 이를 기록한 '문자'는 때론 이 책에서 자주 혼동되어 사용될 것이다).

근대 제국 통치의 힘이 된 문자의 기원과 발달을 살펴보면 매우 흥미롭다. 문자를 모르는 수렵 사회에서도 이 특별한 기술들은 몇 세대를 거쳐 전달될 수 있었지만, 문자가 있으니 더 쉽고, 자세하게, 정확하게 전달할 수 있었다. 따라서 문자는 사회를 근대화시키는 데 상당한 힘이 되었다. 문자를 통해서 정확하고 많은 지식들이 긴 시대 동안 더 먼 곳으로 전파될 수 있었다. 독립적으로 문자를 만들어 낸 최초는 기원전 3,000년 메소포타미아의 수메르인과 기원전 600년 멕시코의 토착 인디언들이었다.

예를 들어, 메소포타미아 지역의 수메르인들은 음성표기법을 도입하는 등 문자(=언어)의 발전에 중요한 진전을 일으켰다. '리버스 원리'[2]를 따른 표음 원리를 개발한 수메르인들은 더 나아가 문법적인 어미에 해당하는 음절이나 글자들을 쓰기 시작하였다. 이에 대해서 저명한 생태인류학자인 재레드 다이아몬드Jared Diamond는 그의 책 『총, 균, 쇠』(1998년)에서 수메르인의 문자 특징에 대해서 자세히 설명하였다. 비슷한 리버스 원리를 바탕으로 멕시코 인디언들로 대표되는 기원전 292년 마야 인들도 그들의 문자에 어표와 음성 기호를 모두 사용하였다. 추상적인 낱말을 쓸 때는 발음은 비슷하나 간단한 그림을 상징하는 낱말들의 기호를 조합하여 사용하였던 것이다. 이를 근거로 다이아몬드는 기원전 3,000년 수메르인들의 문자 체계가 세계를 돌고 돌아서 기원전 600년 중앙아메리카의 인디언들에게 다시 창안되었다고 주장한다.

이후 거대 국가(제국)들의 문자들은 이들 두 문자들을 변경시키거나 또는 자극을 받아서 만들어졌다. 알파벳이나 한자 등이 그 대표적인 예다. 다이아몬드는 이에 대해서 청사진 복사 과

2 그림·기호·문자 등을 맞추어 어구를 만드는 수수께끼 그림의 조합을 말한다.

정을 통한 문자 체계가 고안되고 널리 퍼지기도 하였다고 설명했다. 이러한 청사진 복사 과정 중에서 지역 토착민들의 발음 소리에 따라서 일부는 소실되거나 또는 흔하게 보강되기도 하였다. 많은 유럽 언어들 중 핀란드어에서는 알파벳 문자 표기를 받아들이면서 'b, c, f, g, w, x, z'의 글자들이 없어졌다.

한편, 한글은 1446년 세종대왕이 독자적으로 고안한 글자 체계이다. 이는 중국 한자와 티베트 승려들의 문자나 몽고 문자의 알파벳 원리에서 자극을 받아 만들어진 것으로 추측되고 있으며 그러한 기원이 거의 정설로 받아들여지고 있다. 다이아몬드는 아래와 같이 한글은 앞서 기술한 언어들과 같이 단순한 청사진 복사가 아니라고 주장하며 한글의 우수성을 널리 칭송한다.

> 한글 자모에만 있는 몇 가지 독특한 특징들이 발견된다. 몇 개의 자음과 모음을 네모 칸 속에 묶어 음절을 만들고 소리가 서로 관련되어 있는 자음이나 모음을 나타내는 글자는 그 형태도 서로 관련되도록 만든 것 같다. 또한 자음 글자들의 형태는 각각 그 자음을 발음할 때 나타나는 혀나 입술 모양을 본떴다.

초기 문자들의 모호성과 전문성이 그 사용 빈도를 제한하게 되었다. 눈치챘겠지만, 다이아몬드의 방대한 언어학 자료들을 많이 참고한 이상, 그에 대한 존경심을 보여주기 위해서라도(그는 현존하는 가장 훌륭한 인류학자라고 생각한다. 인정하기 어렵다면 그의 책 퓰리처상 수상작 『총, 균, 쇠』를 꼭 읽어보기 바란다. 이 책의 주요 참고문헌 중 하나이다), 이 책에서 언어의 발달에 따른 보편화를 실천한 민족과 국가 들만이 부와 권력을 성취하게 되었다고 주장하는 그의 의견에 동의하지 않을 수 없다. 사실 그것은 또한 문명의 축에 대한 진솔한 역사의 이야기를 그려낸 카렌 암스트롱Karen Armstrong의 『축의 시대』(2016년)에서 더 노골적으로 증명되고 있다.

이 책은 인류 문명을 이끈 지역들에 대한 소중한 역사를 이야기하므로, 이 지역의 정복자, 즉 자치 언어와 문자를 소유한 자들의 기록만 반영되어 있다. 예를 들어, 우리에게 익숙한 러시아 남부 초원지대에 산 목축민 '아리아인'들은 아시아와 유럽의 몇 개 언어의 기초를 이루는 언어들을 여러 부족들이 나누어 사용했는데, 이 언어는 흔히 '인도-유럽어족'이라고 불린다. 아리아인들은 초원지대에 흩어져 살다가 수메르인들의 시기와 비슷한 기원전 3,000년대 중반까지 광야를 떠돌아다니다가 현재의 그리스, 이탈리아, 독일 등지에 흩어져 정착하였다. 이때부터 인도유럽어는 몇 개의 언어들로 세분화되어 한 민족은 아베스타어를, 또 다른 민족은 산스크리트 초기 형태의 언어를 사용하였다고 한다.[3]

암스트롱은 『축의 시대』에서 초기에는 이 언어들이 서로 매우 비슷하여 연락(소통)을 계속 이어갔을 거라고 주장한다. 그 시기는 기원전 1,500년경까지 지속되었으며 이때까지 그들은 문화적, 종교적인 전통들을 공유하고 서로 평화롭게 살았을 거라고 추측한다. 그리스인들도 인도-유럽어족 계열로서 이 지역 방언을 사용하였으며 주변과 문화적, 종교적인 관습을 공유하였다고 한다. 그러나 각 민족들은 고유한 문화적 전통을 쌓아가면서 결국 이견 차이로 서로 대립하게 되었고, 결국에는 수많은 전쟁을 통한 정복과 피정복을 반복하며 통합 정리되었다.

보다 근대화, 현대화되는 과정 동안에는 앞서 본 이런 피비린내 나는 전쟁을 통한 강제적인 언어의 통합은 거의 없었다. 대신 이보다는 제임스 르 파누James Le Fanu의 2011년 작 『현대의학의 거의 모든 역사』에서 인류가 서로 연대하여 집단을 존속시키기 위한 생존을 위한 사투를 벌이면서 가능하게 된다. 개인과 개인이 아닌 개인이 구성한 사회와 국가, 더 나아가 전 인류의 구성과 부의 창출을 위하여 언어는 더욱 소중하게 다루어지고 있다.

---

3 아베스타어는 조로아스터교의 경전 '아베스타'에 쓰인 언어이며 고대 이란의 언어 중 하나이다. 산스크리트어는 고대 인도의 표준 문장어로서 힌두교, 불교, 자이나교의 경전이 이 언어로 씌어 있다고 카렌 암스트롱은 전한다.

작가: 엄인선(Angella)
제목: 기원
제작연도: 2018년
재료: Acrylic. Mix media

사회 vs. 개인, 인간이 쌓아올린 바벨탑

언어의 역사를 더 깊게 이해하면서 진화상에서 '사회 대 개인'의 대립 및 우호관계를 따로 떼어 내 면밀히 고찰해 보는 것이 인간의 언어와 그와 관련된 소통의 사회성을 이해하는 데 필수적이지 않을까 생각한다. 과거 역사에서 제국의 폭발적인 증가로 그들 간의 싸움(전쟁)은 끊이지 않았고, 결국에는 세력 간의 균형으로 일시적인 평화가 찾아왔다.

이번 장에서 우리는 지금까지 생명력을 유지하며 고도로 발전되어 온 현 인류의 언어들과 그들의 사회성 간의 발달 상관관계에 집중해 살펴볼 것이다. 현 인류에게 언어는 역사, 경제, 교육 등 모든 분야에서 활약 중이며 지금은 결코 없어서는 안 되는 필수기호다. 급변하는 현대세계에서 일부 언어들은 도태되고 일부는 변형되어 과변조(過變調)를 경험하고 있다. 이쯤에서 재차 현재 언어를 귀추해 보고, 이에 비추어 인류의 미래를 유추할 필요가 있다. 이에 대한 논의의 시점으로 언어의 기호학을 다루는 것은 매우 자연스럽다.

사회를 위한 개인의 행동을 통제하면서 지켜야 할 규범의 종류와 폭은 나날이 증가하고 있다. 지금은 인간과 인간 혹은 인간 군별의 집단이 언어화 과정을 통하여 사회성을 발전시켜 가는 것을 보게 되고, 이후에는 인간 자신의 내부와 외부 사이의 언어화 과정을 통한 사회성 발전에 대해서 살펴보게 될 것이다.

지구상에는 약 6,000개가량의 언어들이 존재하고, 이들 중 600개의 언어는 현재도 상당히 많은 인구가 사용 중이다[스티븐 핑커(Steven Pinker), 『언어본능』(1995년) 제8장 참조]. 그 언어들 사이의 차이는 서로 다른 종들 간의 차이와 비슷하여 긴 시간 동안 세 가지 과정으로부터 발생하게 되는 결과물이다. 이는 변이(언어적 혁신), 세습(학습능력), 고립(이주나 사회장벽에 따른 고립) 때문에 일어난 결과이다. 특히 여기서 '학습능력'이 흥미롭다.

어렸을 때부터 지금까지 우리 뇌 속은 전체 언어 체계를 어렵게 배선하고 늘 무겁게 가지고 다니는 것보다는 필요할 때마다 그때그때 학습하여 지식을 취득하는 것이 더 이롭다고 생각했을 것이다. 6만 개의 단어를 5~10만 개의 유전자로 구성된 하나의 유전체 안에 유지하게 하는 것은 비효율적이라고 생각했다. 실제로 일상적으로 지식을 습득할 때, 우리는 간단한 학습회로를 갖추고 필요에 따라 그때그때 그것을 습득하고 가공하고 기억한다. 필요가 없으면 쉽게 지워버린다.

한편, 언어의 고립은 심각하게 인종의 격리를 이루게 하여 그들 간의 이질감을 한없이 쌓아올리게 만든다. 각각의 문화에 편입되어 서로 소통하지 않으면 문제가 발생한다. 소통의 무지 속에서 인류는 엄청난 집단 스트레스를 경험하고, 수차례의 전쟁을 겪으면서 서로 간의 문제점을 과감하게 해소하려고 노력하였다. 언어 간 소통 부재의 끔찍한 결과는 여러 해 동안 다양한 문화권의 여러 지역 내에서 흔하게 발견되고 있다.

이질적으로 보이는 언어들도 뜯어보면 보편적으로 합쳐지는 공통 요소가 발견된다. 1963년 언어학자 조셉 그린버그는 5대륙에 30종의 전혀 다른 언어들을 공통적으로 조사했다. 그는 당시에 그들 사이에서 44개나 되는 보편 요소들을 발견했다. 이후 곧바로 전 세계 모든 곳의 언어들을 대상으로 한 조사가 이루어졌고, 더 많은 보편 요소들이 발견되었다. 예를 들어, 거의 모든 언어에서 주어는 대개 목적어 앞에 위치하며 동사와 목적어는 서로 인접하는 경향이 뚜렷하였다. 구조주의적 접근 방법에 따라서 각 언어들을 분절시켜 분석하면 그 차이는 더욱 분명하다(언어학적 분석론은 어렵고, 이 책의 본래 의도를 크게 벗어나므로 관심 있는 독자들은 펴스, 에코, 모리스 등 기호언어학자들이 쓴 저서를 읽어보길 바란다).

현재 대략 전체 언어의 절반인 약 3,000개의 언어들은 지구상에서 점차 소멸해 가고 있다. 약 600개 언어들만이 최소한 10만 명 이상 사람들의 입을 통해서 사용되어 전해지고 있다. 그러나 대부분의 언어학자들은 세계 전체 언어 중 90퍼센트인 3,400~5,400개의 언어가 다음 세기 내로 소멸할 위험 군속에 포함된다고 예상하고 있다. 이의 원인에 대해서 언어심리학자 스티븐 핑커는 『언어 본능』에서 다음과 같이 말하고 있다.

> 언어의 대규모 소멸은 현재 식물과 동물 종의 대규모 멸종을 상기시킨다. 원인들은 서로 중복되어 있다. 언어가 사라지는 까닭은 화자들의 거주지 파괴와 더불어 계획적인 종족 말살, 강요된 동화, 동화교육, 인구통계학적 침몰, 그리고 크라우스가 '문화적 신경독가스'라고 이름 붙인 전자 매체의 폭격 때문이다.

우리는 모든 종들의 언어를 보존할 수 없다. 현대 사회에서 일어나는 자연스런 흐름을 거스를 수 없는 것이다. 그러나 죽어가는 언어에 대한 관심을 버리지 말아야 하는 것은 언어학자 마이클 크라우스Michael Klaus의 다음과 같은 주장에 전적으로 동의하기 때문이다.

> 모든 언어는 인간만이 소유한 집단적 독창성의 최고 성과물이며, 살아있는 생명체만큼이나 신성하고 영원한 신비다.

이에 언어학자 켄 헤일Ken Hale은 다음과 같이 표현했다.

> 한 언어의 소실은 이 세계가 겪고 있는 보다 일반적인 소실, 즉 모든 영역에서의 다양성의 소실의 일부일 것이다.

언어의 소실은 종의 소실을 가져온다는 이와 같은 끔찍한 경고는 이 책의 핵심 주제와도 잘 맞아떨어진다. 나는 가끔씩 길을 걸으면서 사납게 짖는 강아지를 보고 있으면, 혹시나 태초부터 인간과 동물이 서로 소통할 수 있는 매개를 가지고 긴밀히 연결되어 있으면 어땠을까 하는 상상을 해본다. 이 생각은 동물과 소통뿐 아니라, 명화를 볼 때마다 작가의 의도를 파악하려는 순간에도, 내가 이유도 없이 몸이 아플 때 병원에 가지 않고 '도대체 어디가 이상이 생겨서 이렇게 아픈 거야?'라고 혼자 묻고 있을 때도 마찬가지일 것이다.

만약 그들 모두와 대화가 가능하다면 우리 생활은 어떻게 달라질까? 너무 극단적으로 일반화시킨다는 비난을 받을지 모르겠지만, 조금만 더 생각해 보면 여러분도 동의하게 될 것이다. 대학교 학부 때 나는 생물학에 관심이 많아서 종종 바로 옆 생물학과 강의실에 들어가 몰래 강의를 듣곤 하였다. 그때 우연히 들었던 기초생화학 강의는 테렌스 브라운Terence. A. Brown의 『게놈Genomes』(2002년)을 교과서로 활용하였다.

강의 중 기초 유전학 내용은 무척 흥미로웠다. 우리 몸속의 필요에 따라 유전자가 단백질로 전환되고, 이 현상은 우리의 생체활성을 강하게 지배하고 있다는 사실을 알게 되었다. 이는 수많은 생체(유전자-단백질) 회로들로 구성되어 있다는 것을 알 수 있었다. 우리 몸은 그들의 언어로 소통하고 있는 것이다. 이러한 내부의 속삭임(즉, 내부 언어, 제4의 언어)은 인간 탄생의 시점부터 변함없이 지속되어 온(우리가 아는 한) 유일한 언어일 것이다. 크라우스와 헤일의 주장을 비판 없이 그대로 적용한다면, 이것은 '인류 집단 문화의 최고'임에 틀림없다. 네 개의 단일 음소들의 계열과 연사의 구조적인 분절체계[4]의 발달에 따른 의미 있는 구문의 탄생이 되는 내부(유전) 언어의 문장은 분명히 내부에서 들려오는

4 이는 움베르토 에코(Umberto Eco)의 1987년 작『기호, 개념과 역사』의 3장 '구조주의적 접근방법'에서 나오는 표현이다.

강력하고 가장 오래된 현생 언어인 것이다.

혹시라도 이 주장을 예전 내 친구들처럼 헛소리라고 말하고 싶은 사람들에게 지금은 당당히 묻고 싶다. 우리가 지인들과 감정을 공유하고 혹은 이때 형언할 수 없는 내면의 변화를 경험하는 매순간마다 늘 궁금해 하게 되는데, 이러한 변화는 어디로부터일까? 내부(유전) 언어의 목소리는 과연 누가 내는 소리인가?

인기리에 상영되었던 디즈니 만화영화《인사이드 아웃Inside out (2015년)》에서처럼 기쁨이, 슬픔이, 버럭이, 소심이, 까칠이가 우리 머릿속의 감정 조절 본부에 존재하고 있어서 불철주야로 우리에게 "괜찮아, 다 잘 될 거야! 우리가 행복하게 만들어 줄게!"라고 주문을 걸어서 나의 모든 감각과 소통을 조정하는 것인가, 아니면 마블의 새로운 액션히어로 '앤트맨'이 소형의 가상의 인물로 변신하여 내 몸 안으로 들어가 나의 모든 것을 통제하는 것인가? 영화 같은 모든 경우들을 상상해 본다.

과학 문명의 발전 안에서 살아가는 우리로서는 자신 있게 지금 이런 상상 속의 것들은 존재하지 않는다고 말할 수 있다. 그럼, 무엇이 그렇게 하는 것일까? 그런 내적 자아의 발현에 대한 해답은 무엇일까? 이는 자연스럽게 다음 장의 숙제로 남긴다.

우리의 생명이란 우리 내부에서 태어나는,
우리의 눈으로는 볼 수 없는 존재의 탄생이다.
우리는 그것을 아무리 해도 볼 수 없는 것이다.

- 톨스토이, 『톨스토이의 인생론』 중에서

물체를 지배하는 법칙들은
원칙적으로 (수학자가 취급하는)시간이
독립변수의 역할을 하는
미분방정식으로 표현된다.
생명체에 대한 법칙도
이와 같은 미분방정식으로 표현될까?

- 베르그송, 『창조적 진화』 중에서

2부

내부(유전) 언어

외부 언어 vs. 내부 언어

여기서 우리가 일상적으로 사용하는 외부 언어에 대해서 뜻밖의 의미를 깨달았다면 성공이다. 이번 장에서는 겉보기에는 이의 반대인 것처럼 보이는 우리 내부의 언어에 대해서 진지한 고민을 해볼 시간이다. 먼저, 내부의 언어에 접근해 보기 전에 여러분들의 내부를 깨어보려고 한다. 그림 하나를 보여주고 싶다. 지금 당장 다음 쪽에 나오는 그림을 보길 바란다. 제목은 의도적으로 표기하지 않았다. 그리고 지금부터 내가 물어보는 한 가지 질문에 진지하게 대답해 보자.

당신은 이 그림을 보면서 무엇을 생각하게 되는가? 그림의 제목을 맞힐 수 있는가? 그림을 관찰하며 작가가 말하고자 하는 그림 속의 함축된 의미의 조각을 맞추어 가며 제목을 유추해 보자. 서점을 어슬렁거리며 우연히 접하게 된 에이미 허먼Amy E.

그림. 1 에드워드 호퍼의 1927년 그림

Herman의 『우아한 관찰주의자』(2017년) 책을 보게 되면 답을 맞히는 데 큰 도움이 될지도 모르겠다. 허먼은 이 책에서 우리가 무심히 보고 듣고 있는 것에 대하여 더욱 명확하고 명석하게 지각하고 소통하는 방법을 가르쳐주고 있다. 그녀는 무언의 소통에 관한 중요한 기술들을 숙지시키고 있다. 그녀가 외부-외부 간의 소통에의 중요성을 강조하여 자칫하면 이 글의 주제에서 벗어난 듯한 느낌을 가질 수도 있다. 그림으로 가까이 접근하여 내부를 꼼꼼히 분석하며 읽어보면 이는 곧 기우임을 알게 될 것이다.

허먼은 보이는 사물을 통해서 작자의 의도를 정확히 파악하기 위해서 특별히 엄격한 훈련이 필요하다고 강조하였다. 그녀는 네 가지 단계적 훈련을 권장하는데, 이는 평가하고(Assess) 분석하고(Analyze) 명확히 설명하며(Articulate) 적응하는(Adapt) 방식이다. 이를 통하여 대상을 바라보면 전혀 예기치 않았던 새로운 과정으로 보다 심오한 해답에 근접해 가게 되는 자신을 발견하게 될 것이라고 확신한다. 이 책에서 허먼은 누가 사실이라고 말한다는 이유만으로 그것이 절대 사실이 되는 것은 아니라고 주장한다. 사람들은 늘 거짓을 말하고 우리들의 눈이 항상 진실을 말할 거라고 믿을 수 없기 때문에 사실이 정말 사실인지 확인하려면 매번 신중하고 객관적으로 사실을 검증해야 한다고 주장한다.

아직 이런 주제가 익숙하지 않은 독자에게 너무 막연한 질문들을 던지고 있지 않나 반성하게 된다. 더 알아보려면, 허먼의 책 『우아한 관찰주의자』에서 그녀가 우리에게 귀띔해 주는 아래의 팁들을 참고하기 바란다.

> 흔히 우리 앞에 쌓인 정보의 더미에서 입증된 정보만 발견하려면 새로운 장면이나 환경을 평가할 때 사실을 모두 수집하

는 것을 첫 번째 목표로 삼아야 한다. (……) 진실이라고 가정하는 것이 아니라 진실이라고 관찰할 수 있는 정보에만 주목해야 한다. 무엇을 보든, 기자와 경찰관과 과학자가 채택하는 정보 수집의 기본 모형을 통해 누구, 무엇, 언제, 어디를 살펴보아야 한다. 이 장면에는 누가 관련되어 있는가? 무슨 일이 벌어졌는가? 언제 일어났는가? 그리고 어디서 일어났는가?

충분히 시간을 준 것 같으니 이제 그림을 그린 작가가 우리에게 보내는 무언의 시그널을 함께 읽어 보자. 여자는 누구인가? 언제, 어디서 무엇을 하고 있는가? 질문을 처음 받았을 때, 스스로에게 이런 육하원칙의 기본 질문들을 먼저 던져 보았는지 물어보고 싶다. 얼굴에 주름이 없는 것을 보면 20~30대 중반이고 옅은 화장과 치마를 입고 모피를 덧댄 코트를 입고 있는 것을 보았을 때 분명히 여성임을 확신할 수 있다. 모조 체리로 장식된 모자가 인상적인데 늦가을이나 겨울과는 다소 어울리지 않게 무척 얇아 보인다. 여러분이 보고 있는 것과 내가 본 것들이 비슷한가?

머리에 꼭 맞는 챙이 없는 종 모양의 모자로 이와 비슷한 디자인으로 1908년 처음 세상에 선보인 후 1920년대까지 큰 인기를 누린 클로시Cloche를 연상시킨다. 1928년부터는 여자 모자에서 챙이 사라지거나 뒤집혔으므로 그림 속의 여자는 1920년부터 1928년 사이를 살고 있는 여인임을 예상해 볼 수 있다. 혹시 여자의 장갑이 왼손에만 껴져 있는 것을 눈치챘는가? 이는 그녀가 결혼했다는 표식(반지)을 감추려는 의도일까? 여러분도 궁금해 하고 있는가? 이제 조금 보는 시점을 그녀의 주변으로 돌려보자.

상점 밖에는 가로등이나 자동차 헤드라이트도 관찰되지 않는 것으로 보인다. 이는 그림 속 여자가 아주 늦은 시간에 상점에 있거나 아니면 가로등이 없고 사람의 왕래가 매우 적은 곳에 있음을 예상해 볼 수 있다. 여자는 접시에 받쳐서 나오는 하얀 잔을 한 손으로 들고 있다. 창턱에는 음식처럼 보이는 빨간색, 주황색과 노란색의 과일들이 가득 담긴 그릇이 있고, 그녀의 오른편에는 아래층으로 돌아 내려가는 층계참의 난간 윗부분이 어렴풋하게 보인다. 여자 뒤의 검은 배경은 거울에 비치는 내부의 모습으로 보이며 건물 안으로 길게 뻗은 두 줄의 밝은 조명이 어렴풋이 반사되어 보인다.

1920년대 중반에 늦은 시간에도 이렇게 깨끗하게 정리가 잘되어 있고 음식과 음료를 파는데 사람은 적고 여자 혼자여도 매우 안전한 장소는 어디일까? 이 정보로만 얻은 답은 웨이터가 없는 〈자동판매 식당〉이다. 이곳에서 사람들은 5센트 동전을 넣고 원하는 음식을 마음대로 골라 먹을 수 있었다. 혼앤드하다트Horn & Hardart는 1902년 미국에 최초로 자동판매 식당을 개장하였다. 혼앤드하다트는 한때 세계 최대의 레스토랑 체인으로 그 명성을 날리며 하루에만 80만 인분의 음식을 제공하기도 하였다. 당시에 가장 맛있는 커피를 판매하기로도 유명하였다. 그렇다! 이 그림의 제목은 '자동판매 식당(Automat)'이다. 이는 에드워드 호퍼라는 미국의 유명한 극사실주의 작가의 1927년 작품이다. 세계 대공황을 경험한 미국인들의 고독한 일상생활을 사실주의 기법으로 담담하게 그려낸 작가로 꽤 유명하다. 이제 관찰에만 그치지 말고 그림 속 여자가 느끼는 감정을 읽어 보자. 작가와의 소통이 아니라 그가 그리고자 하는, 그의 마음속으로 들어가 내부의 울림에 대해 집중하여 이야기해 볼 시점이다.

작가는 왜 아픈 소녀에게 관심을 갖고 그림을 그리게 되었을까? 우리가 본 이 명작을 그린 작가는 대공황 시대를 살면서 일반인들이 갖는 고독한 상실감을 사실적으로 표현하기 위해 노력하였다. 그림 속의 여인은 현대인들의 고독한 자화상을 표현한다. 지금 이 순간, 궁금한 것은 무엇이 작가의 감정을 움직여 이런 그림을 그리게 만들었으며 우리는 그의 그림에 어떻게 감동하게 되느냐이다. 이 주제에 대한 좀 더 과학적인 접근이 필요할 것 같다.

간단히, 우리가 일상적으로 사용하는 언어 중에 지구상 가장 많은 민족들이 사용 중인 영어는 26개의 알파벳을 조합하여 단어들을 만들어 낸다. 이 단어들은 문장이 되고 서로 간 의미 있는 표현으로 조합되어 소통을 위해 사용된다. 또한 우리는 이들 소통의 결과를 보게 된다. 그럼 모든 것은 어디로부터인가? 우리 내부 구성물질의 근원이 되고, 무엇보다 그들 간의 소통에서 주요 핵심인 '유전자'에 대해 들어본 적이 있는가? 이는 4개의 구성 염기들의 조합으로, 이들 중 3개를 한 짝으로 만들어 알파벳처럼 문장의 시작을 위한 하나하나의 소중한 단어들을 만든다. 이 유전 단어는 '단백질'이라는 문장이 되고, 생체 내부에서 '생명'의 영위를 위하여 서로 간 의미 있는 '소통'을 하게 된다.

매튜 리들리Matt Ridley는 『생명 설계도, 게놈』(2016년)에서 유전체(게놈)를 책으로 상상하여 이해가 쉽도록 현실 생활과 연결된 연상을 제안하고 있다. 그가 말하길, 책은 '염색체'라고 하는 23개의 장으로 이루어져 있다. 각 장에는 '유전자'라고 하는 수천 개의 이야기가 실려 있다. 모든 이야기는 '엑손(Exon)'이라고 하는 여러 단락이 연결되어 만들어지는데, 단락 사이에는 '인트론(Intron)'이라고 하는 광고들이 한없이 끼어들어가 있다. 각 단락은 '코돈(Codon)'이라고 부르는 단어들로 기록되고 있다. 이 언어들은 '염기(Base)'라는 문자로 촘촘히 쓰여 있다. 덧붙여서 그는 "게놈이라는 책은 10억 개의 단어로 되어 있는데, 이것은 대략 지금 성경 800권 정도에 해당하는 분량이다"라고 하였다.

그가 유전자를 단순히 책에 비유한 것은 독자의 이해를 돕는 데 성공한 것처럼 보인다. 그러나 후에 좀 더 자세히 읽는 법을 알려주겠지만, 이것이 그렇게 쉽진 않다(그렇게 쉬웠으면 우리가 이렇게 힘들게 살지도 않았을지 모르겠다). 여기에서는 간단히 내부(유전) 언어에 대해서 좀 더 자세히 알아가고자 한다. 신체 내부, 특히 생물의 기본 단위인 세포 내부 핵에 존재하는 유전자 코드의 언어이고, 이 언어는 전체의 기본적인 필수 신체 대사를 통제한다고 쉽게 생각할 수 있다. 좀 더 나아가면, 이들이 늘 우리 삶의 생과 사를 좌우하는 소통의 중심이 되고, 이는 쉬지 않고(지금 이 시간에도 내부에서) 우리의 생과 사를 결정하고 있다. 이해를 돕기 위해서 먼저 우리 몸의 구성도를 살펴보도록 하자.

내부의 구성도

33억 년 전 지구에 최초로 등장한 생명체는 단세포 미생물, 즉 우리가 흔히 부르는 '박테리아'였다. 오랜 기간의 진화 과정을 거치면서 이는 현재의 고차원적인 생명체로 탄생하게 된다. 이는 물 이외에도 네 가지 기본 요소들, 즉 포도당, 지방산, 아미노산, 뉴클레오티드로 알차게 구성되어 있다. 이들은 주로 다섯 종류의 기본 원소들, 즉 수소, 탄소, 산소, 질소, 인으로 만들어져 있다.

빅뱅시대 탄생한 수소에서부터 미생물의 개체 수 증가에 따른 활발한 광합성을 통하여 산소 방출 농도의 급격한 상승이 관찰되기 시작하였다. 공기 중 산소 고농도에 적응이 가능한 단세포들만이 급속도로 늘어나고 있는 가운데, 이들 간 공생과정을 통해서 복잡한 다세포 생물 종이 출현하게 되었다. 캄브리아기를 거치면서 급격하게 성장하여 전 지구를 덮게 되었다.

20만 년 전 출현한 인류의 조상격인 호모 사피엔스는 5만 년 전까지 그와 함께 공존하였던 네안데르탈인을 멸종시키고 현재까지는 인류의 단일 종으로서 지구를 굳건히 지배하고 있다. 호모 사피엔스는 불과 도구를 사용하는 등 고도의 생존기술을 갖추었으며 네 발 중 두 발로만 서고 나머지 두 발은 물건을 잡고 이용할 수 있어서 가축을 돌보고 농작물을 경작하여 많은 재화를 축적할 수 있었다.

최근 연구에 의해서 그들의 뛰어난 생리적 특성들이 속속들이 밝혀지고 있다. 연구에 따르면, 그들은 직립보행으로 여러 가지 이득[5]을 얻게 되었는데, 그중에서 생물학적으로 체온을 유지하는 데 매우 유리하게 되었다고 한다. 데이비드 버코비치는 『모든 것의 기원』에서 인간은 직립보행으로 공기와 닿는 피부면적이 넓어져서 발생하는 땀의 증발량이 상대적으로 급격히 많아지고 발생하는 열을 주변으로 최대한 분산시켜서 빠르게 식

---

5 데이비드 버코비치는 『모든 것의 기원』에서 인간이 직립보행을 하면서 음식을 손으로 운반하게 되고, 두 발로 서서 먼 곳을 감시하여 포식자의 위협에서 안전을 지키고 음식을 쉽게 찾게 되었다고 한다. 또 두 발로 서서 양팔을 휘두르게 되어 실제보다 더 커 보이게 되어 경쟁하는 상대방을 위협하여 더 좋은 짝을 만나게 되었다고 한다.

힐 수 있게 되었다는 데 주목하였다.

그러나 한편으로 동시대 가장 뛰어난 인류학자 중 한 명인 유발 하라리Yuval Harrari는 『사피엔스』(2015년)에서 인간이 왜 미완성 상태로 태어나는 가운데, 휴식기간 동안에도 전체 에너지의 25퍼센트를 소모하는 1.4킬로그램(전체 몸무게의 2~3퍼센트를 차지함)의 무겁고 쓸모없는 큰 뇌를 유지하고 있는가에 대해서 진화생물학적인 관점에서 무척 궁금해 하고 있다.

이들로부터 기인한 현생 인류는 마찬가지로 신비스런 기능을 하는 몸을 가지고 있는데, 이를 아는 것이 필요할 듯하다. 우리 몸을 겉으로 보이는 부분부터 차근차근 한 꺼풀씩 벗기면서 안으로 들어가면서 동시에 동물의 신체와 세밀히 비교하면, 많은 부분에서 서로 비슷하다는 것을 알 수 있다. 한편, 상이한 장기들은 왜 존재하고 있는지 그 이유도 무척 궁금하다. 물론, 몸 내부의 구성에 대한 끊임없는 물음은 그 정교함에 대한 높은 경외심을 갖게 만든다.

무게 1.4킬로그램으로 다른 기관들과 비교하면 상대적으로 매우 작지만 다른 동물들과 달리 우리 몸에서 다양한 기능들의 활동을 세세하게 지시하는 뇌부터, 우리가 죽을 때까지 신체 구석구석까지 산소를 공급해주고 이산화탄소를 받아오는 것은 물론 여러 창구 역할을 끊임없이 수행하는 혈관과 심장에 이르기까지, 인간 내부 기관(장기)의 종류는 정말 다양하다. 생명을 구성하는 각각의 장기는 조직이라 부르는 중간단위체들로 세밀하게 구성되어 있다. 이는 생명 기능의 최소 단위체를 이루는 더 작은 세포들로 이루어져 있다.

사람의 몸은 약 100조 개의 세포로 이루어져 있고, 대부분의 세포는 약 0.1밀리미터 이하의 작은 지름의 크기로 존재하고 있다. 그 내부에는 염기체(게놈: 유전자 군집) 덩어리인 핵이 있고, 이 안에는 완전한 게놈 염기쌍이 두 벌씩 존재한다.[6] 23쌍의 염색체에 존재하는 6~8만 개의 유전자는 각각 어머니와 아버지로부터 물려받았지만, 서로 간의 미세한 차이가 존재한다. 유전자 묶음의 핵 기관 이외에도 세포에서 에너지의 핵심이 되는 미토콘드리아, 골격의 기반을 세우는 세포골격(Cytoskeleton) 등 다양한 소기관(Organelle)들이 존재한다.

이들 세포는 크게 목록 상 박테리아로 대표되는 원핵세포와 동물·식물세포로 대표되는 진핵세포로 나누어진다. 두 가지로 인위적으로 나뉘어져 있는 듯하지만, 앞서 잠시 말한 진화상 주변 환경의 급격한 변화(예, 갑작스런 산소 농도의 증가)에서 원핵세

---

6 예외적으로 난자와 정자 세포와 같은 생식 세포 내부에는 한 벌만 존재하고 혈액 속에서 산소 운반의 주요 기능을 하는 적혈구는 핵을 가지고 있지 않다.

포 간의 긴밀한 공생관계의 유지를 통하여 진핵세포가 탄생했다는 이론이 대두되어 점차 학계에서 정설로 받아들여지고 있다.[7]

이 책의 주제를 이루는 주요 구성품인 내부 유전자는 각 장기의 단위세포 내 핵막 속에 안전하게 존재하고 있다. 반복된 단위체가 긴 사슬을 형성한 형태로, 원핵세포 내부에서는 세포 외부와의 경계를 이루는 지질막 내부에 폐쇄된 원형 형태, 즉 자동차 타이어 모형의 묶음 형태로 남아 있다. 이와 비교하여 진핵세포 내에서 그들은 열린 선형 형태로 훨씬 복잡한 방식으로 수 마이크로미터의 작은 공간 내에 존재하고 있다.

실패와 같은 역할을 하는 단백질 복합체의 기능을 통하여 수 미터에 이르는 긴 길이의 이 유전자들은 실과 같이 사용되지 않을 때 둘둘 말려 있게 되며 사용 전까지 마이크로 크기의 작은 핵막 공간 안에서 조용히 웅크리고 앉아 있게 된다. 유전자에 대한 상세한 설명은 다음 장에서 계속할 예정이니 이번 장에서는 생체를 구성하는 내부의 구성도에만 간단히 집중하였다. (혹시나

---

7 닉 레인(Nick Lane)은 2015년 저서 『바이털 퀘스천(The Vital Question)』에서 공생관계는 에너지 값의 적합한 판매에 의해서 안정화되었다고 주장한다. 그는 여기서 '생명'의 정의에 대해서 심각하게 논의한다. 일반적으로 바이러스는 생명체로 간주되지 않지만, 주변과의 엔트로피 주고받기 과정의 안정화를 통한다면 바이러스도 생명이라고 주장한다.

내부 구성품들에 대해 더 호기심이 있는 독자는 DK 『인체원리』 편집위원회에서 펴낸 『인체 원리: 인포그래픽 인체 팩트 가이드』(2016년)의 도감을 보면 내부 구성을 이해하는 데 큰 도움이 될 것이다. 꼭 읽어보기를 추천한다.)

내부 언어의 구조

유전(=핵산)

아마 대부분의 사람들은 유전이라는 말을 듣게 되면 흔히 '멘델의 유전 법칙'을 생각하고, 그 복잡함에 곧바로 손사래를 치며 황급히 자리를 피하려고 할 것이다. 재미없는 멘델의 연구논문(그가 자연사 학회에 발표한 「식물 교잡 실험」)을 보고 있으면, 일반 과학자들도 몇 장 읽지 못하고 주저앉기 일쑤이다.

그러나 아이러니하게도 멘델은 인류가 유전에 대해서 어렴풋하게라도 다시금 생각해 볼 수 있는 계기를 만들어 준 위대한 과학자이다. 멘델은 그가 사용한 유전모델로서 콩의 내부에는 무엇인가가 있어서 그의 유명한 교배 실험에서 예상치 않은 놀라운 결과가 나왔을 거라고 담대하게 추론하였다. 내부에 그 무엇인가는 후대의 연구자들에 의해서 핵산(核酸, Nucleic acid)이라는 이름의 유전 물질임이 밝혀졌다(이 책에서 핵산과 유전자는 특별한 상황이 아니면 같은 의미로 사용한다).

그 이름에서 예상할 수 있듯이 이는 산성을 나타내며 생체 내부와 같은 중성 근처의 pH(수소이온지수)에서는 다량의 수용성 염들(예, 염화나트륨, 염화마그네슘 등)과 함께 이온 균형을 맞추며 존재한다. 이는 내부에 산성 특징을 발휘하는 무엇인가가 숨어 있다는 것을 강하게 암시한다. '핵(核, Nucleic)'이라는 그 단어가 숨어 있는 무엇인가를 밝힐 흥미로운 주요 단서가 되었다.

1869년 스위스의 생물학자 프리드리히 피셔Friedrich Fischer는 환자에게서 묻어 나오는 고름 안에서 백혈구 세포가 파괴되어 나오는 동안 함께 남아 있는 다량의 산성 물질에 큰 흥미를 가지고 끈질기게 조사하다가 처음으로 이를 발견하게 되었다. 고름에서 강한 산성을 나타내며 인(燐, nucleolus, 이는 nut의 라틴어 'nux, nuc'에서 기원한 것으로 내부 혹은 중심부를 지칭함) 성분을 과량으로 함유하는 유기화합물을 뉴클레인(Nuclein)으로 명명하기 시작하였다. 진핵세포 내 핵 내에 존재하는 산성 물질이라는 의미로 '핵산'으로 최종적으로 불리게 되었다. 처음에는 모든 생물의 세포핵 속에서만 공통적으로 존재한다는 것이 밝혀졌으나, 이후에는 세포 바깥쪽 미토콘드리아에도 미량의 핵산(=유전자)이 존재한다는 사실이 증명되었다.

핵산은 뉴클레오티드(Nucleotide) 단위체들이 일렬로 반복된 고분자 구조체이다. 뉴클레오티드는 염기, 오탄당(펜토오스)과 인산(H_3PO_4)이 하나씩 연결되어 구성된다. 염기는 아데닌(Adenine: A), 구아닌(Guanine: G), 티민(Thymine: T), 사이토신(Cytosine: C)의 네 가지 단일 질소 유기화합물들이다. 아데닌과 구아닌은 퓨린 유도체이고, 사이토신과 티민은 피리미딘 유도체이다. 리보오스(ribose)를 기반으로 하는 리보핵산, 즉 RNA의 경우는 티민 대신 우라실(Uracil: U)을 필수 구성 물질로 가지고 있다. 이 우라실도 티민과 같이 단일 육각 링 구조를 가진 피리미딘 유도체이다. 이들은 수용액 상에서 수소이온과 결합하여 양전하를 띄므로 염기라고도 불린다.

오탄당은 탄소 원자가 다섯 개로 이루어진 고리형 탄수화물의 일종으로 고리의 두 번째 탄소의 하이드록시기에 있는 산소의 존재 유무에 따라서 리보오스와 디옥시리보오스로 나뉜다. 이들 핵산 고분자는 생체 내에서 주로 긴 단일 가닥으로 존재하지 못하고, 존재하는 다른 단일 가닥과 염기쌍 간의 수소결합을 하며 이중가닥을 형성한다. 두 가닥이 평평한 결합 형태가 아닌 평행한 축 상의 염기쌍 간 수소 결합력과 장축에 수직으로, 즉 단일 가닥의 뉴클레오티드의 염기 내 고리형 이중결합 내 전자

구름들의 겹침 현상으로 인하여 공간 내 일정 거리를 두며 꽈리 모형으로 뒤틀려서 수 미터 길이(세포 안 DNA는 약 2.1미터, 7.1피트의 길이)로 성장할 수 있다. 작은 공간 내에서 형성된 화학결합력 간의 인력과 척력의 평형상태에서 핵산의 이중 나선은 가장 안정된 상태를 유지한다.

우리가 생체 내에서 흔히 관찰하는 핵산(=유전자)은 오른쪽 방향으로 감아 올라가는 형태(Right-handed form)를 보이는 B형의 핵산[8]으로, 모든 단위체 사이에서 2나노미터(1나노미터=1억 분의 1미터, nm)의 폭(직경)과 1회 회전(염기쌍 10.5개)당 3.4나노미터(위아래 염기쌍 간의 거리는 0.34나노미터) 길이로 균일한 거리를 유지한다. 이는 수 나노미터의 고분자 구조 안에서 항상 일정하게 유지된다. 결과적으로 나선형 구조를 이루기 때문에 구조학적으로 넓은 홈(Major groove)과 좁은 홈(Minor groove)이 발생하게 된다. 넓은 홈 부분이 상대적으로 많은 염기 서열들을 외부에 노출시키므

---

8 이 책에서 논의되는 핵산은 대부분 생체 내에서 존재하므로 B형 핵산을 일컫는다. 참고로, 핵산의 형태는 '왓슨-크릭의 구조'라고도 불리는 B형 이외에도 A형과 Z형의 변이들도 존재한다. A형은 B형과 달리 주로 탈수된 환경 내에서 관찰되며 직경은 2.6 nm이고 오른쪽 나선의 한 번 회전당 길이(염기쌍 11개)는 2.8 nm이다. 한편, Z형은 불규칙하게 지그재그로 꼬인 왼쪽 회전 방향을 갖는 나선 구조를 가지고 있다. 직경은 1.8 nm이고 한 번 회전 당 길이(염기쌍 12개)는 4.4 nm이다. 일부 생명체에서 Z형 DNA가 발견되어 크게 회자되었으나 아직도 그 역할은 밝혀지지 않았다.

로 세포질 내에 존재하는 기능성 단백질들이 이들을 쉽게 인식할 수 있게 된다.

물리적으로 긴 고분자 형태는 직립된 형태로서 약 150나노미터 즉 약 50개의 염기쌍 내에서 유지 가능하다. 이후에는 코일된 형태로 수용액 상에서 고르게 분포할 수 있다. 우리 몸에 적립되어 있는 단일 염색체의 핵산 크기가 보통 수 미터에 이르므로 23쌍의 염색체 내에서 이는 직립된 형태보다는 코일된 형태로서 존재하는 것이 열역학적으로 가능하다. 다만, 일반 실험 용기에 풀어헤쳐진 형태가 아닌 수 마이크로 크기(보통, 진핵세포의 경우는 평균 5마이크로 크기)의 제한된 공간 내에 집적되어 있어야 하므로 수 미터의 염색체는 특정 단백질의 도움을 받아서 그 부피가 한없이 줄어들 수밖에 없다.

여기서 사용되는 대표적인 단백질은 히스톤(Histone) 단백질이다. 이 단백질은 내부에 다수의 양전하를 갖고 있어서 음전하를 갖는 핵산을 자연적으로 끌어당기는 데 효율적이다. 이 단백질에 감겨서 11나노미터 지름의 염주형 뉴클레오솜Nucleosome[9]

---

9 여기서 뉴크레오솜(Nucleosome)은 뉴클레이(핵, Nuclei)과 몸체(Some=body)의 단어들로 구분된다. 염색체(Chromosome)는 염색(Chromo)과 몸체(Some=body) 단어들의 구분이다. 현미경을 이용하여 세포를 관찰하던 중에 염색물질로 색이 표현되는 것이 있어서 이를 염색체라고 부르게 되었다.

이 되고, 이들이 뭉쳐서 30나노미터 지름의 원통형 섬유형 다발이 형성되게 된다. 또 다시 섬유들이 응집되어 300나노미터 지름의 염색사(Chromonema) 끈이 만들어지고, 계속 뭉쳐서 700나노미터 굵기의 실 뭉치 모양의 염색분체가 만들어지게 된다. 한 쌍의 자매 염색분체가 만나서 하나의 염색체가 된다. 이와 같이 실패화되는 과정(DNA packaging)을 통하여 최종적으로 염색체(Chromosome)가 형성된다(그림. 2, 3 참조).

작은 핵 내부에는 23쌍의 염색체들이 존재한다(그림. 4 참조). 인간의 세포에는 약 5만~10만 개의 유전 정보가 있고, 이는 이들 염색체들 상에 고르게 나누어 분포되어 있다. 우리는 각 쌍을 아버지와 어머니로부터 받게 된다. 인간의 성을 결정하는 X, Y염색체를 제외한 22쌍은 각기 동일한 형태로 되어 있는데, 그 가운데 중심절(Centromere)을 기준으로 긴 쪽은 장완(q, p의 다음 철자)과 짧은 쪽은 단완(p, petit)으로 나눠진다. 각 염색대는 중심절로부터 바깥쪽으로 나아가는 방향으로 번호를 붙여서 구분된다.

유전(=핵산)의 합성

이쯤 되면 독자들도 어느 정도 세포 내의 핵산(=유전자) 모습을 어렴풋이 그려볼 수 있을 것이다. 지금부터는 점차 이들을 합성

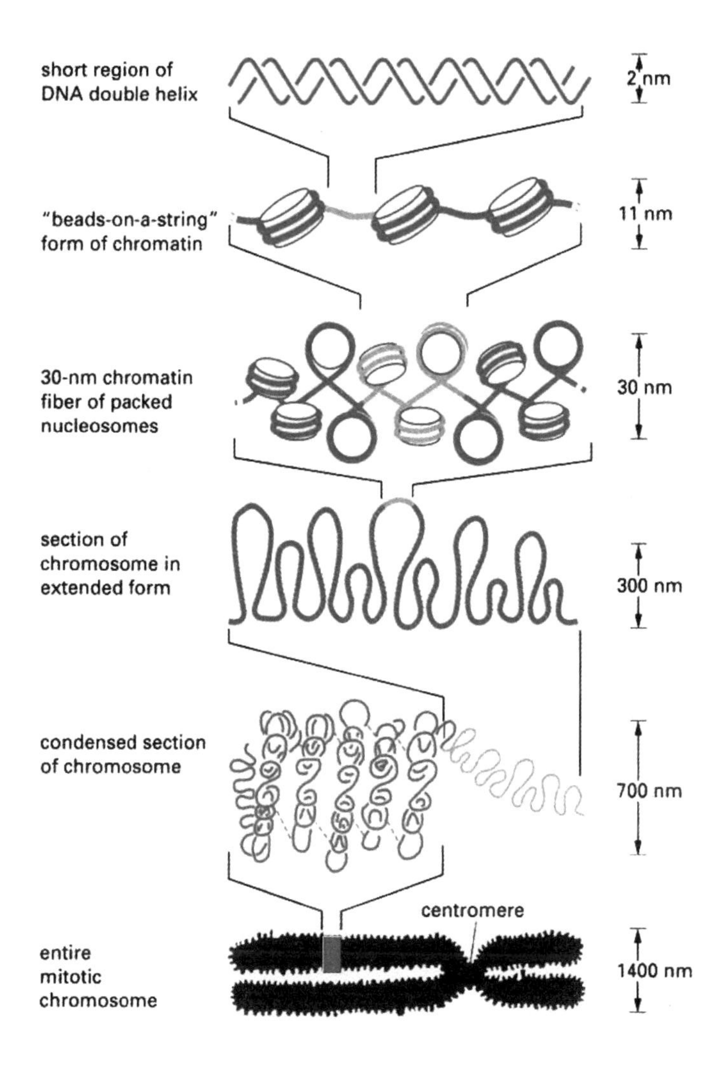

그림. 2 염색체 형성의 원리를 설명하는 모식도
[출처: Molecular Biology of The Cell의 230페이지, 그림 4-55]

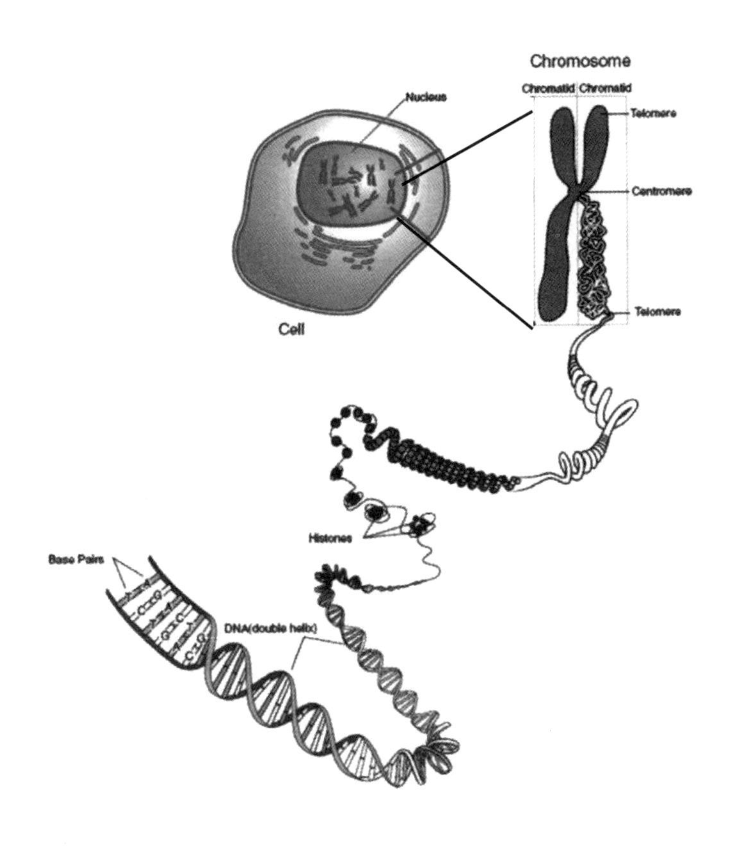

그림. 3 염색체의 형성 과정에 관한 모식도 [출처: 김경철, 『유전체, 다가온 미래 의학』(2018년)]

하는 방법으로 이야기를 전환하려고 한다. 핵산의 합성(복제)을 논의하기 이전에 먼저 복제가 필요한 근원적 이유에 대해서 생각해 보길 바란다. 우리 세포의 근원이 되는 세포는 정자와 난자의 수정란이다. 수정란은 성염색체를 포함한 23쌍의 염색체를 가진다. 이 세포는 빠르게 분열하여 배반포를 형성한다. 이 배반포가 분화되면 결국 우리 몸의 조직과 기관들이 된다(앞선 '내부 구성도'에도 잘 설명되어 있다). 이 과정 중에 세포들은 조직의 유

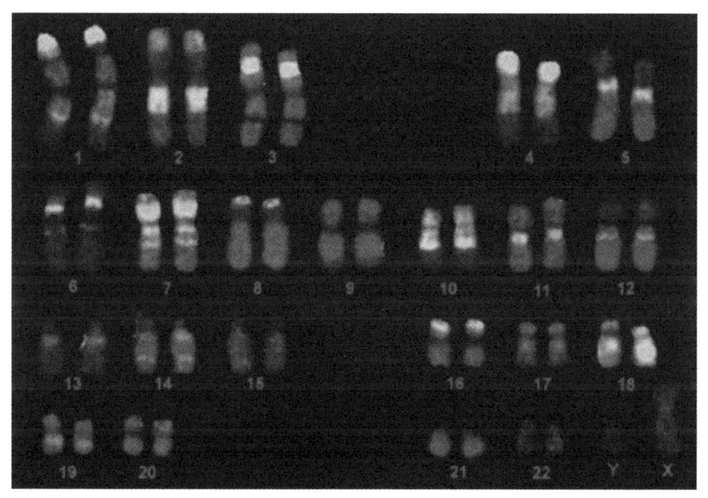

그림. 4 사람의 몸은 100조 개의 세포(지름 0.1 mm 이하의 단위세포); 핵에 2벌의 게놈 23쌍 염색체(Chromosome), 여기에 30억 개의 염기쌍이 있고 이중 2~3만 개의 유전자들이 존재한다. 각 유전자는 10만 개 정도의 염기들로 구성되어 있고 이들 300개 중에 하나 정도로 변이가 발견된다. [출처: 매튜 리들리, 『생명 설계도, 게놈』]

지를 위해서 동일한 딸세포들을 가능한 많이 만들어내어야 한다. 이때 모세포와 동일한 핵산 정보가 딸세포에도 정확하게 배가되어야 하는데, 이 복제 과정은 생애에서 매우 중요한 역할을 한다. 세포분열 전에 모세포의 핵산 정보가 배가되는 현상이 핵산의 복제이다. 핵산의 이중 나선 구조를 밝힌 제임스 왓슨James Watson과 프란시스 크릭Francis Crick에 의해서 '반보조적 복제(Semiconservative replication)' 모형이 제안되었다. 결국 1958년에 매슈 메셀슨Matthew Meselson과 프랭클린 스탈Franklin Stahl이 설계한 정교한 실험을 통하여 이는 증명되었다.

이중 나선은 복제원점에서 헬리카제(Helicase) 효소(나선효소)의 작동에 의해서 풀려가며 Y-형의 복제분기점이 최초 형성된다. 최초로 풀린 지점은 단일 가닥 결합 단백질들에 의해서 이중 나선형으로 복귀되지 않고, 단일 형을 유지하며 합성이 지속된다. 주형이 되는 핵산에 'RNA 프라이머'가 결합되어 합성된다. 이는 염기의 상보적 결합에 의해서 진행되며, RNA 프라이머가 합성되면 핵산 중합효소에 의해서 단일 염기들의 주형 핵산에 상보적인 결합을 통하여 길게 성장할 수 있게 된다. 원형의 이중 나선은 서로 반대 방향으로 꼬여 있으므로 주형의 한쪽 방향(3'→5')으로 새로운 복제 염기 서열의 성장은 쉽게 성취되나 반대쪽은 부분부분 생성되고 어느 정도 성장된 복제 염기 서열들이 부분적으로 이어져서 최종적으로 만들어지게 된다.

보통 핵산 중합효소는 복제 과정에서 100만 분의 1의 오류를 일으킨다고 알려져 있다. 세포 하나당 30억 개의 염기쌍의 핵산이 있다고 한다면, 이는 세포가 한 번 분열할 때마다 3천 번의 실수가 일어나는 것을 말한다. 이들이 그대로 자손에 전달된다면 큰 문제가 될 수 있다. 우리는 모두 알다시피 이런 오류의 문제가 결과적으로는 일어나지 않는다는 것을 잘 알고 있다. 우리의 신체가 정상이라면 유전체 염기 서열 내에는 어느 하나의 오류도 일어나지 않고 모두 무사히 잘 복제된다. 이는 잘못된 염기 서열을 실시간으로 확인하고 제거하면서 필요시에는 새로 합성하는 효소들의 복잡한 복구과정이 작동하기 때문에 가능한 것이다.

유전(=핵산)의 이상 변형

그래도 이들 염색체에는 여러 가지 이유(예를 들어, 극한 환경 변화에 장기간 노출 등)로 이상이 생기고 때로는 향후 다음 세대로 일부 전달된다. 염색체 이상 원인에 대한 생성기전은 흔히 크게 다섯 가지로 구분된다. 이는 전위(Translocation), 결실(Deletion), 역위(Inversion), 중복(Duplication), 수적 이상(Numerical abberation)이다.

전위는 '전좌'라는 용어로 대체되기도 하는데, 유전자의 위치가 뒤바뀐 경우이다. 본인은 인식하지 못하지만 후대에 심각한 문제가 일어나는 경우가 많다. 막무가내로 일어나는 '불균형 전위'의 경우는 예측이 불가능하여 그 심각성이 매우 높다.

염색체 결실은 염색체의 일부가 사라지는 것을 말한다. 이는 거의 모든 염색체에서 일어날 수 있다.

역위는 염색체 내 어느 두 지점이 단절되고 구간이 뒤집혀지면서 일어난다. 역위된 부분에 중심 절이 포함되면 완간 역위(Pericentric inversion), 그렇지 않은 경우는 완내 역위(Paracentric inversion)라는 것이 일어난다. 역위 형이 후대에 임상소견을 일으키지 않으면 정상 변이형(Normal variant)으로 판단하며, 임신이나 태아에 아무런 영향이 없다.

중복은 염색체 일부가 반복되는 것을 말한다. 중복은 부분 삼체성(Partial trisomy)이라고도 부른다. 이때 일반적으로 중복된 부분은 2쌍이 아니라 3쌍이 된다. 이 여분의 유전자가 발현될 경우에 출생은 물론 발달 과정에서 심각한 문제를 일으킬 확률이 매우 높다.

이들 비정상 부위를 찾아내는 방법은 3부에서 자세히 설명할 예정이다. 정상 염색체 및 염색체 이상을 구분하는 명명법은 1960년대부터 이어진 세포유전학 명명법에 관한 국제규약

표. 2 세포유전학적 이상 소견의 생성기전

전위	결실	역위	중복	수적이상
				삽화: 천상훈

염색체 표준 명명법의 예		
Addition	add	원인을 알 수 없는 물질 추가(addition)
Deletion	del	결손
De novo	de novo	유전되지 않은 염색체 이상
Dicentric chromosome	dic	이중심체성
Duplication	dup	중첩
Fragile site	fra	취약 부위
Insertion	ins	삽입
Inversion	inv	역위, 전도
Chromosomal loss	Minus sign(-)	염색체 소실
Mosaicism	mos	모자이크
Short arm	p	단완
Chromosomal gain	Plus sign(+)	염색체 추가
Long arm	q	장완
Ring chromosome	r	환염색체
Translocation	t	전좌, 전위
Telomere, end of chromosome arm	tel	말단부

(Internatioanl Standard of Cytogenetic Nomeclature)을 따른다. 이에 따라서 염색체 분석을 수행하는 기관들은 모두 달라도 같은 명명을 부여한다. '46, XY'는 46개 염색체의 정상 남성을 명명하고, 염색체에 이상이 생길 경우, 예를 들어 46개 염색체에 14번 염색체의 장완 22부터 25번까지 중첩이 일어난 경우는 '46, XY, dup(14)(q22q25)'으로 표기한다. 다운증후군을 가진 남성의 유전체 표기는 47, XY, +21이 된다. 표. 2는 몇 가지 표준 명명법을 나타낸다.

유전(=핵산) 공급

네 가지 단일 염기들은 우리 몸에서 직접 합성되지 못하고 외부에서 공급되어야 한다. 대부분의 생물들이 핵산을 기본 유전단위로 생활을 영위하므로 먹이사슬의 최종점에 있는 인간은 이들 생물들을 섭취하며 핵산을 일상적으로 공급받게 된다.

핵산 함량이 높은 음식 군으로 버섯류, 클로렐라, 조류 및 어류가 꼽힌다. 이들 음식은 단백질 함량도 높은 것으로 알려져 있다. 핵산을 가장 많이 함유한 식품은 연어, 복어와 맥주효모 순이다. 그 다음으로 멸치, 뱅어포, 쇠고기, 돼지고기, 닭고기, 참치, 정어리, 가자미, 김, 대합, 굴, 대두 등을 들 수 있다.

섭취된 핵산은 소장을 거쳐서 핵산 분해효소의 도움으로 앞서 배운 기본 구성 물질인 염기, 인, 당으로 분해된다. 이들은 소장에 흡수되어 혈액을 따라서 온 몸으로 운반되며 최종 세포까지 전달된다. 세포막에서 확산이나 삼투압의 방법으로 세포질 내부로 이동하며 이후 핵산 복제나 단백질 발현을 위한 중간 매개체의 합성에 활용된다. 이러한 합성 과정을 '샐비지 경로', 혹은 '샐비지 회수 경로'(Salvage pathway)라고 부른다. 이외에도 데누보 합성(De novo pathway)이라고 하여 인체에 섭취된 단백질 분해산물인 아미노산을 간에서 핵산 염기로 합성하는 과정이 존재한다. 후자의 합성방법은 그 합성양이 개인별로 조금씩 차이가 있지만 20대 초반부터 지속적으로 줄어든다. 일상적으로 섭취하는 탄수화물의 근원인 당 성분은 핵산 합성을 위한 단위물질들로 재활용되기도 하지만, 세포 내부의 미토콘드리아에서 활용되어 아데닌 유사체들을 활용한 생체 에너지원을 생산한다.

또 다른 곳에서의 유전(=핵산)

앞서 기술된 대로 미토콘드리아 내에서도 자체적인 핵산물질들을 생산한다. 인간의 미토콘드리아는 약 15,000개의 DNA 염기쌍과 37개의 미토콘드리아 유전체를 포함하고 있다[김경철, 『유전체, 다가온 미래 의학』(2018년)]. 이는 미토콘드리아의 대사활동을 위한 필수품들을 자급자족하는 유전 정보들을 담고 있다. 세포의 대사활동 전반을 관할하는 핵 기관의 통제에서 벗어나 어떻게 단위 기관 스스로를 위한 사병을 둘 수 있게 되었는지는 아직도 진화의 미스터리 중 하나이다.

다만, 2016년 〈네이처〉에 알렉산드로스 피티스Alexandros A. Pittis와 동료들이 발표한 「미토콘드리아의 기원에 관한 연구 발표」에 따르면 지구 진화단계에서 산소 농도가 급격히 높아짐에 따라서 산소 기반의 효율적인 에너지 생산이 가능한 박테리아를 관련 능력이 부족한 개체가 생존을 위해서 포식하게 되었다. 이에 따라 포식된 개체는 필요한 영양분을 쉽게 습득할 수 있는 이점을 대신 취득하므로 서로 평화롭게 공생하게 되었다는 이론이 지배적이다. 미토콘드리아는 이중막으로 되어 있고 내막, 크리스테(Cristae)의 일부는 안쪽으로 돌출하여 여러 겹을 접혀 단위면적을 넓히고 있다. 외부로부터 유입된 당 성분은 생체 내에서 해당 과정을 통해서 피루브산(piruvate) 분자로 미토콘드리아 내부로 능동 수송되어, 기질 내에 TCA회로(Tricarboxylic acid cycle, 혹은 구연산 회로 또는 Kreb 회로)와 전자전달계를 연이어 경험하고, 이 유기물의 화학에너지를 생체 에너지의 기본 단위인 ATP(Adenosine triphoshate)[10]로 바꾸어 저장하게 된다.

위 복잡한 대사과정에 필요한 여러 효소들의 합성을 위한 자체적인 유전 자료가 내부에 갖추어져 있기 때문에 세포는 미토콘드리아로부터 효율적으로 에너지를 생산할 수 있게 된다. 또 다른 면에서 흥미로운 점은 수정 중에 난자의 미토콘드리아만 자손에게 유전된다는 것이다. 이런 모계 유전(Maternal inheritance)은 진핵생물을 기반으로 하는 대부분의 개체 내에서 확인할 수 있다. 이는 단일 집단 내에서 유전자가 오염(예, 재조합)되지 않고 깨끗하게 보존됨으로써 집단의 진화적 역사, 즉 계통수(Phylogenetic tree)를 연구하는 데 유용하게 활용될 수 있다. 미토콘드리아 유전체의 유형 분석으로 진화 유전학 분야에서 최근 인류 최초의 여성 조상인 미토콘드리아 이브를 추적[알란 윌슨(Allan C. Wilson)과 동료들, 네이처(1987년)]하거나 현생 인류의 네안데르탈인 기원설에 대한 관련성이 매우 적음[11]을 확신하는 데 크게 기여하고 있다[스반테 파브(Svante Pääbo)와 동료들, PNAS(2015년)].

미토콘드리아는 최근에 마이크로바이옴(Microbiome, 미생물군유전체)과 세포핵과 유전체 기반의 인체 생리를 이해하기 위한

10 혹시 독자 중에 ATP를 보고 핵산 단위 염기인 아데닌과 혼돈한 분이 있을지도 모르겠다. 이와 같이 비슷비슷한 핵산의 단일 염기 서열들의 변이체들은 생체 신호 전달에서 주요한 역할을 담당하여 생명 영위를 위해 최선을 다하고 있다.

세 가지 주요 인자로서도 집중을 받고 있다. 마이크로바이옴은 마이크로 바이오타 연구를 통해서 장내 공생하는 미생물 균의 유전체 연구의 핵심으로서 인간-환경 연합 생물체의 조화를 이해하기 위한 연구들로 발전하면서 많은 연구자들의 집중을 받고 있다. 이 세 가지 주요 구성품으로부터 생산되는 유전자들의 하모니를 이해해야만 인간을 온전히 이해할 수 있게 된다. 미토콘드리아 유전자(mtDNA)는 37개로 대표되고, 주로 생체 에너지

---

11 지난 2017년(2017.10.17 ~ 10.21), 미국 올랜도에서 열린 미국 인간유전학회 연례회의에서, 연구자들은 "현생 인류가 아프리카 외부에서 네안데르탈인에게 물려받은 변이유전자 중 일부는 네안데르탈인 특유의 유전자가 아니라, 네안데르탈인과 현생 인류의 공통 조상이 보유했던 것이었다"고 발표했다. 이는 '인류가 아프리카를 떠나며 유전적 병목(genetic bottleneck)을 통과할 때 얼마나 많은 다양성을 잃었는지'를 여실히 보여준다.
"현생 인류의 조상들은 아프리카를 떠날 때 '유익한 변이유전자'들을 많이 두고 나왔다"라고 이번 연구 결과를 발표한 밴더빌트대학교의 토니 카프라(Tony Capra) 박사(진화 유전체학)는 말했다. "그 후 네안데르탈인과의 이종교배(Interbreeding)는, 아프리카 외부에서 그 변이체 중 일부를 되찾을 기회를 제공했다. 그러나 네안데르탈인의 대립유전자(allele) 중에는 잠재적으로 유해한 것도 상당수 포함되어 있었다." 카프라 박사가 이끄는 연구진은 「1000 게놈 프로젝트」와 밴더빌트대학교의 BioVU(전자건강기록 데이터뱅크)에 포함된 2만여 명의 유전체를 정밀 분석하던 중, 고대 아프리카인들의 변이체를 발견했다. 이윽고 그들은 이상한 패턴에 주목했다. 현생 인류가 네안데르탈인에게서 물려받은 것으로 추정되는 염색체 구간에서 고대 아프리카인들의 대립유전자(또는 변이)가 발견된 것이다. [그들은 선행 연구에서 요루바 족(Yoruba), 에산 족(Esan), 멘데 족(Mende) 등의 아프리카 원주민들을 연구한 적이 있는데, 고대 아프리카인들의 유전자는 여기서 발견된 것들이다.] "유럽인의 유전체에서는 47,261개, 아시아인의 유전체에서는 56,497개의 아프리카계 단일유전변이(Single nucleotide polymorphism: SNP)가 발견되었다. 그런데 신기하게도, 유라시아아인들이 갖고 있는 아프리카계 유전자는 네안데르탈인 유전자 옆에서만 발견되었다. 이는 약 5만 년 전 유라시아인들의 조상이 네안데르탈인과 짝짓기 할 때, 아프리카계 유전자와 네안데르탈계 유전자가 동시에 상속되었음을 시사한다"라고 카프라 박사는 말했다[양병찬 역, 바이오토픽(원문: Ann Gibbons, Science(Oct. 23, 2017))].

인 ATP 합성을 위한 핵심 역할을 하는 단백질 생산에 크게 기여하고 있다. 장내 미생물은 인간 유전자의 100배 이상인 330만 개로 인체 내 존재하는 장내 세균은 1만 종이나 된다. 인간의 유전자는 서로 99.7퍼센트가 동일하나 이들 마이크로바이옴은 사람마다 80~90퍼센트 다르다. 이 복잡한 그 생리를 추적하기 위한 노력은 최근에 시작되어 지금도 계속되고 있다. 장-신경계 축이라는 회로 설계가 발견되면서 이제 장은 제2의 뇌로서 점차 중요성을 크게 인정받고 있다.

이 책에서는 핵내 유전자로 구성된 내부(유전) 언어에 집중되지만 완벽하게 우리 내부의 소리를 이해하고 응용하려면 미래에는 우리 몸속의 세 가지 다른 영역 속에서 주요한 역할을 수행하는 이들 모두의 유전자를 분석하려는 노력이 절실히 필요할 것이다.

작가: 엄인선(Angella)
제목: Piece
제작연도: 2018년
재료: Acrylic. Mix media

내부 언어의 기능

기능의 시작

1940년대까지 핵산이 우리 몸속에서 주요한 유전 기능을 수행하는 물질이라는 점을 인지하지 못했다. 멘델과 같은 일부 뛰어난 천재들이 줄기차게 비슷한 주장을 하였지만, 당시 절대적인 지배 권력이었던 대부분의 권위 있는 과학자들로부터 이는 철저하게 무시되었다. 이때까지는 단백질이 생명에 필수적인 기능을 하는 주요한 유전 물질로 생각되었고 주로 연구되었다.

생명의 유전 물질로서 기능하기 위해서는 첫째, 자신과 동일한 존재를 만들어 낼 수 있어야 한다. 둘째, 어떤 방식으로든 생물 특유의 유전 형질을 발현할 수 있어야 한다. 1940년대에 들어서야 드디어 이전 주류 과학자들의 사고에 심각한 오류가 있다고 지적되기 시작했다. 이에 당당하게 반기를 드는 몇몇 용기 있는 과학자들이 나타나기 시작하였다.

이들은 여러 과학적 증명들을 통해서 유전 물질로서 모든 조건들을 완벽하게 만족하는 핵산을 드디어 수면 위로 드러나게 만들었다. 앞서 본 핵산의 복제를 통해서 유전 물질로서의 첫 번째 조건은 완벽하게 증명되었다. 핵산 복제는 1958년 매튜 메셀슨과 플랭클린 스탈 등 유럽 학자들에 의해서 과학적으로 입증되었다[매튜 메셀슨과 플랭클린 스탈, PNAS(1958년)]. 핵산의 이중 나선이 풀리며 단일 외가닥으로 존재하게 되고 이때 새로운 핵산 단위체, 즉 뉴클레오티드가 단일 가닥을 축으로 연이어 붙어가며 새로운 복제 핵산을 만들게 된다[그림. 5 참조].

세포 분열과정마다 한 번 일어나고, 10만 번에 한 번 꼴로 유전자 염기쌍에 결합 오류가 생기지만, 곧 잘 발달된 교정기능을 통해서 완벽하게 복구된다. 두 번째 유전 형질로서의 조건인 이의 발현 능력은 크릭이 주창한 '센트럴 도그마'[12]라고 불리는 가설의 검증 단계를 거치며 증명되었다. 이는 주형이 되는 핵산에서 하나의 복사판이 만들어지면서 시작된다. 복제와 달

---

12 '분자생물학의 중심 원리'라고도 불린다. 1958년 프랜시스 크릭에 의해 최초로 제안되었으며 1970년 〈네이처〉에서 보다 정교하게 논리화되고 개정되어 보고되었다. 이후 중심 원리에 위배되는 사례로 레트로 바이러스에서 역전사 효소의 작용에 의한 유전 정보의 전달이 보고되었다.

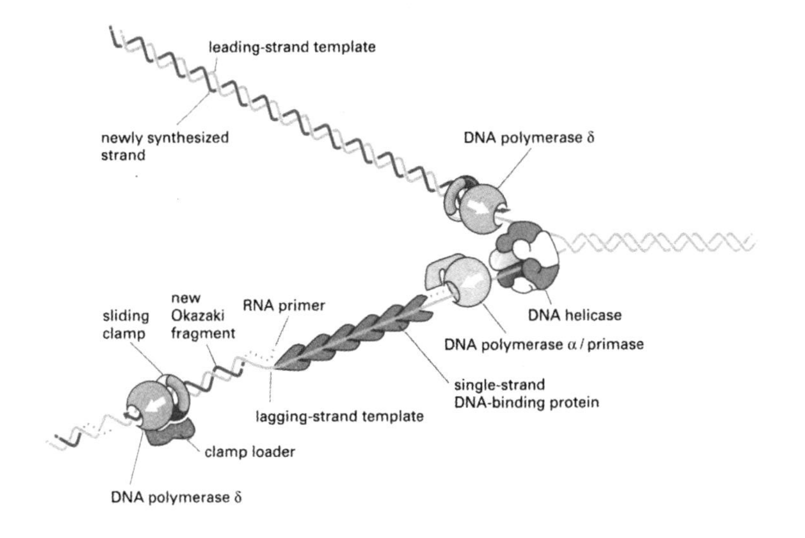

그림. 5 동물세포에서 복제 기작의 기원(Replication fork)에 관한 모형도
[출처: 브루수 알버츠(Bruce Alberts) 외 5인, 『세포의 분자생물학』(2002년)]

리 DNA와 매우 유사한 RNA화합물을 그 중간 매개물로 삼아서 주형 핵산으로부터 복사해서 만든다. RNA는 앞서 설명한 대로 DNA 염기 중의 티민 대신에 우라실이 주요 염기로서 치환되어 있는 주요 염기 분자이다. 그리고 리보오스 링 구조 안의 2번째 탄소에 산소 원자가 결합되어 있어서 수소 원자 하나만 가지고 있는 DNA와 구분된다. 이런 RNA 복사판은 전령 RNA(mRNA, messenger RNA)라고도 불리고, 핵심 유전자로 작용하는 코돈의 염

기 서열(책의 예에서 단어)만을 이어서 만들어낸다. 이는 세포질 내에 리보솜(Ribosome) 소기관의 작용을 통해서 단백질로 최종 전환된다.

3개의 코돈 염기 서열, 즉 단어들이 운반 RNA(tRNA, transfer RNA)와 연결되어 하나하나의 문자(단백질 기본 단위인 아미노산)로 해독된다. 문자들, 즉 아미노산들은 열역학적인 원리에 의해서 수용액 내에서 삼차원 입체구조로 점차 열역학적으로 안정화된다. 우리는 이를 단백질이라고 부른다. DNA 구조를 발견하여 노벨상을 받은 프란시스 크릭의 말대로, 과연 이는 분자생물학의 모든 원리들을 꿰뚫는 간단한 중심 법칙이라 생각할 수 있다. 한 가지 의문스러운 것은 3개의 염기 서열(단어)이 해독되어 단백질의 구성성분인 아미노산(문장)을 만들어 가는 과정에서 DNA 염기는 64개 다른 코돈을 가지고 있는 반면에 아미노산은 20개밖에 되지 않아 서로 간의 개수가 정확히 맞아떨어지지 않는다는 것이다. 20개에 20개로 맞아떨어졌으면 좋았을 텐데, 왜 진화는 이런 불일치를 의도적으로 발전시켰을까 궁금해진다. 세포 분열에 따라서 혹은 세대마다 반복된 유전 발현 중에서 늘 일어날 수 있는 돌연변이의 가능성을 가능한 최소화하기 위한 그들만의 뛰어난 전략일까?

이에 관한 답은 이 '동요 가설(Wobble hypothesis)'을 제안한 크릭에 의해서 정리되었다. 그의 주장에 따르면, 64개의 모든 코돈이 아미노산 해독에 사용되는 것은 아니다. 예를 들어, 3개의 코돈은 종료 코돈의 역할을 한다. 거의 모든 생명체(몇몇 바이러스를 제외)는 이 중심 원리에 따라서 그들의 유전 정보로부터 필요한 단백질을 필요에 따라서 적합한 양만 생산한다.

유전언어의 신호전달

전체 염기 서열들 중 약 2퍼센트만이 단백질 생산을 위한 단위 코드로 활용되고, 대부분의 유전자 즉 정크 유전자(Junk DNA)는 아직도 그 기능을 알지 못한다. 생체 내 소량의 유전자 그룹은 앞서 살펴본 '센트럴 도그마'란 중심 이론에 따라서 최종 대상 단백질로 해석된다. 이들 단백질은 생체 내의 다양한 신호전달을 매개하는 중요한 인자로서 핵심 역할을 수행한다.

지금부터는 유전자로부터 발현되는 단백질이 생체 내에서 어떤 역할을 하는지 살펴보자. 우리가 흔히 겪게 되는 스트레스 상황을 예로 들어보자. 인간 유전자는 외부 활동의 영향에 반응하여 작동된다. 우리의 23개 염색체들 중 10번째에는 콜레스테롤 분자를 코르티솔, 테스토스테론, 오스트라디올과 같은 스테로이드 호르몬으로 바꾸는 데 필수적인 효소를 만들어 낼 수 있는 'CYP17'이라는 특수한 유전자가 포함되어 있다. 스트레스는 CYP17이 만드는 코르티솔 호르몬(때론 이는 스트레스와 동의어로 쓰인다)과 밀접하게 관련되어 있다. 우리가 외부의 짜증나는 상황에 노출되면, 스트레스 유발 시각이나 마음이 우리의 뇌에 직접적인 영향을 미치게 된다. 이때 CYP17 유전자 회로가 점차 작동하게 되어서 코르티솔 농도가 높아지고, 결국 단기 혹은 장기 스트레스의 반복적인 상태에 노출되어 면역체계가 최종적으로 저하된다. 스트레스의 원인이 되는 욕구가 해소되거나 감정 조절이 가능할 때까지 이들 과정은 계속적으로 반복된다. 결과적으로 반복적인 노출로 면역시스템의 심각한 붕괴는 많은 질병 유도 인자들의 유입을 상승시켜서 우리 신체가 병에 걸리기 쉽게 만든다.

스트레스의 발생과 결과에 대해서 너무 간소하고 편협한 시각으로 기술하였으나, 사실 뇌-육체-유전자(게놈) 간의 전체적으로 복잡한 네트워크들이 관여하는 것은 사실이다. 열이 발생하는 원리도 마찬가지이다[그림. 6 참조]. 이를 뜯어보면 매우 복잡하다. 뇌-육체-유전자(게놈) 간에 긴밀한 관계성의 관점에서 면밀히 파악하면, 중앙 시각전핵(Median preoptic nucleus)에서 시상하부(Hypothalamus)와 주변을 흐르는 혈관 간의 상호작용을 자세히 들여다봐야 한다. 흔한 신체 감염경로로 유입된 열 발생 인자(예,

바이러스, 박테리아 등)들을 인지하게 된 우리의 면역 세포들이 IL-6, IL-1 등과 같은 특수 면역반응 단백질들을 주변에 분비한다. 이는 시상하부와 혈관 경계의 세포 표면에서 특이적으로 포착되어 COX2, PGE2, EP3과 같은 생체 회로를 따라서 감도 증감을 경험하게 된다. 결국 시상하부의 뇌세포까지 그 영향이 최종 전달된다. 노르아드레날린 같은 특정 호르몬 분비가 활성화되어서 열 발생은 촉진된다.

지금까지의 예들을 경험하면 혹시나 몇몇 독자들은 자칫 유전적 결정주의로 빠져들 수 있을까 걱정이 된다. 그러나 미리 되뇌면, 유전자의 언어가 매우 중요한 역할을 수행하기는 하지만, 뇌-육체-유전자(게놈)의 3개조가 잘 어우러져 얻어지는 결과임을 잊어버려서는 안 된다.

유전자 발현 조절

유전자 발현 조절은 정교한 생체 기능 구현의 결과이다. 여기서 우리는 소통을 통한 인간의 생존을 주제로 하므로 진핵세포의 유전자 조절능력에만 초점을 맞추어 설명하는 게 좋을 듯하다. 이해를 돕기 위해서 원핵생물과의 차이점을 비교하며 설명할 것이다. 수명이 상대적으로 짧고 외부환경에 빠르게 대응해

Median preoptic nucleus(중앙 시각로앞핵)

Brain region
(Hypothalamus;
시상하부)

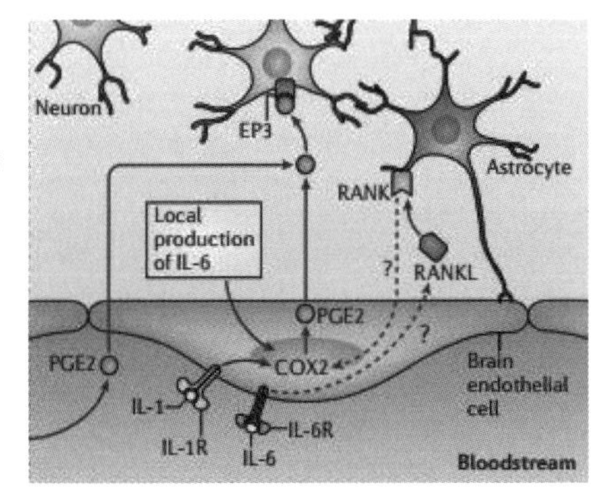

Blood region
(from infected
tissue)

The induction
of fever during
infection.

Il-6; IL-1 → COX2 → PGE2 → EP3 → Noradrenaline → Fever

그림. 6 열 발생 원리의 설명
[출처: 다니엘 피셔(Daniel T. Fisher)와 동료들, Nature Reviews Immunology (2015년)]

야 하는 원핵생물들은 지속적으로 세대를 복수화하는 데 집중한다. 그들은 이를 위해서 그들이 소유하고 있는 모든 유전자를 동시다발적으로 가동시키는 데 최선을 다한다.

한편, 진핵생물은 그 분화과정 동안 필요에 따라서 정확한 생체시기가 맞추어져 있어서, 적절한 분량만을 발현하도록 정교하게 조절되어 있다. 따라서 이들에게는 세포 간 상호작용으로 인한 유기적인 연관 관계가 매우 중요하다. 시스템적으로 프로그램화된 많은 조절인자들이 그들과 상관되어 있는데, 이들 간의 복잡하고 완전하게 규명되지 않은 것들(예, 핵산, 히스톤 등 전사과정에 단백질의 기능 등)이 많이 있다는 것은 사실이다. 현재까지 이 연관 관계에 대해서 일부 알려진 내용을 소개하면 다음과 같다.

DNA 유전 정보는 앞서 본 장편의 RNA을 형성하고 곧 5'말단에 캡이 씌워지고, 3'말단에 다발의 폴리A(polyA)가 붙는 1차 전사체로서 변형된다. 이어서 이 RNA는 스플라이싱(Splicing, 절단) 단계를 통해서 단백질로 발현되지 않는 인트론 구간은 선택적으로 제거되고 메신저 RNA(즉, mRNA로 요약된다)만 완전히 단계적으로 형성된다. 이 mRNA는 세포질 내에서 단백질을 합성하는 리보솜과 결합하여 단백질을 합성하기 시작한다. 이들 기능성 단백질들은 효소, 구조, 혹은 성장인자 등으로 작동하여 분화, 발생, 소멸 등의 세포 기능 현상을 동시다발적으로 작동시킨다. 여기서 크게 두 단계의 유전자 발현 조절 과정을 논의할 수 있다.

첫째, 핵내의 유전 정보가 RNA로 발현되는 전사과정에서 유전자 발현의 조절이 일어나는 것이다. 이 단계에서 주요한 물질은 호르몬과 성장인자들이다. 갑상선 호르몬이나 에스트로겐, 테스토스테론과 같은 스테로이드 계열은 직접 세포 내부로 들어가거나 표면의 단백질 수용체들과 결합하여 신호 작용을 전달하며 세포 증식과 분화 등에 중요한 기능을 수행하게 된다. 유전 정보(유전체 게놈) 내에서 이들 조절 단백질들과 반응하는 주요 부위는 전사가 막 시작되는 도입부보다는 이보다 앞선 200bp(bp는 'base pair'로 염기쌍을 지칭한다)의 상위부위(Down stream) 내에 존재하게 된다. 이를 DNA 요소 혹은 특별하게 반응요소(Response element)라고 부른다. 조절 단백질들이 이 부위와 결합하면서 주요 기능들이 발휘되기 시작한다.

둘째, 전사단계 후 유전자 발현 조절이다. 대표적으로 앞서 본 선택적인 스플라이싱이다. 이는 크게 세 가지로 나누어지는데, 5'말단이 상이한 경우에는 서로 다른 프로모터들에 따라서 5'말단이 다른 mRNA들을 생성하게 된다. 3'말단이 상이한 경우에는 폴리A의 첨가반응이 달라서 분해 정도의 차이에 따라서 스플라이싱도 달라지며, 이들의 중간 부분이 상이한 경우에는 조직 특이성 스플라이싱 인자들이 관여하게 되는 것이다. 단백질 합성이 일어나기 전에 mRNA는 불필요한 염기 서열을 제거하고, 필요한 염기 서열들을 서로 연결하는 스플라이싱 방법을 주로 사용하게 된다.

이 과정에서 오류가 생기면 발생하지 말아야 할 단백질들이 생기게 된다. 이는 때론 우리 몸에 심각한 질환을 발생시킬 수 있게 된다. 최근 국제 연구팀은 이 과정 중에서 잘못된 단백질의 발생을 억제하도록 스플라이싱 과정을 검사하고 오류가 발견되는 경우에는 mRNA의 발현을 막는 생체 내 특정 단백질 군들[13]을 발견하였다.

후성유전학

유전자 조절은 최근 큰 관심을 받고 있는 후성유전학과도 깊이 연관되어 있다. 이들 중 특히 메틸레이션(Methylation)이 가장 주목을 받고 있다. DNA 염기 서열에 간단히 메틸기($-CH_3$)가 붙는 원리인데, 염색체 내에서 특별히 CG가 연속적으로 이어져 있는 연속체 부위(편의상 CpG라고 간단히 부르며 여기서 p는 phosphate를 지칭한다)에서 C, 즉 시토신 염기 부위에만 메틸기 표식이 적용된다. 메틸화된 시토신은 전체 인간 게놈의 3~4퍼센트 정도를 차지한다. 인간을 포함한 여러 포유동물에는 이들 CpG의 연속된 염기 서열들이 밀집되어 있는 CpG 섬(CpG island 혹은 CpG domain)들이 유전자 전사를 조절하는 프로모터 부근에서 많이 발견된다. 게놈 전체 염기 서열에서 이는 약 29,000개 정도로, 전체 유전자의 50~60퍼센트를 차지할 정도로 자주 관찰되며 대부분은 비메틸화 상태로 존재한다.

---

13 펜실베니아 의과대학의 지던 드레이푸스(Gideon Dreyfuss) 연구팀은 2001년에 스플라이싱 과정의 오류를 검사하고 정정하는 Y14와 마고(Magoh) 등의 단백질 군을 발견하였다.

부모로부터 하나씩 물려받아서 형성된 22쌍의 염색체들 중에는 발현되도록 특별히 미리 조절되어 있는 각인유전자(Imprinted gene)들이 존재한다. 교배 후 최초 발생된 배아의 생식세포 내에는 유전자들의 CpG 섬이 선택적으로 메틸화되어 있다. 따라서 일부 문제가 되는 유전자 발현이 선택적으로 억제화되므로 각인유전자들이 만들어진다. 비메틸화된 대립유전자만이 선택적으로 발현되어서 진화를 통한 세대 간의 유전자 용량(Gene dosage)이 적절하게 조절된다. 이는 성염색체들(XX 혹은 XY)에서도 동일하게 일어난다. 특히, 여성의 경우에 X염색체는 동일하나 둘 중 하나에 존재하는 모든 CpG 섬은 메틸화되어 발현이 억제되어 있다. CpG 섬의 메틸화는 생식세포 발생 과정에서도 그 기능을 발휘하여 초기에는 제한적으로 발현되다가 분화한 성체 조직이 되면 메틸화되기 시작하여 발현이 억제된다. 조직 특이적인 유전자 발현의 경우에도 필요(시기)에 따라서 이 과정으로 발현이 조절된다.

오랜 진화 과정 중에서 인간의 몸은 다양한 기생성 염기 서열들이 끊임없이 유입되는 고통스러운 과정을 경험하였다. 전체 게놈(유전체) 염기 서열의 35퍼센트 이상인 외래 유전자 발현을 무력화시키기 위하여 인간은 DNA 메틸화를 발달시킨 것으로 추정된다. 외부에서 유입된 외래 도입 유전자들의 프로모터 부위

CpG 섬이 모두 메틸화되어서 이들의 발현이 초기에 무력화되었다. 시간이 지남에 따라서, 이들 메틸기가 추가된 시토신은 티민으로 변환되어 그 기능이 소실되어 갔다고 주장되기도 한다.

내부의 유전자 간의 대화에 관심을 갖고 얘기를 풀어나가고 있는 현재 입장에서 메틸화에 의한 유전자 발현 조절과정은 이러한 대화(소통)를 조절할 수 있는 중요한 요소가 될 수 있다. 그러므로 더욱 중요하게 느껴져서 조금 더 깊이 있게 들여다 볼 필요성이 있을 것 같다. 위 장Yi Zhang과 대니 레인버그Danny Reinberg는 총설 논문에서 DNA 메틸화의 기원과 작동원리에 대하여 깊은 논의를 하였다[위 장과 대니 레인버그, Genes & Development(2001년)].

그들의 주장에 따르면, DNA 메틸화는 인체 DNA를 변형시키는 유일한 메커니즘으로 DNA 메틸기전달효소(DNA methyltransferase, DNMT)에 의해 일어난다. 현재 포유동물 세포에서는 세 종류의 DNMT가 밝혀져 있는데, 가장 먼저 발견된 DNMT1은 세포분열 과정에서 DNA가 합성될 때 DNA 메틸화 상태를 유지시키는 기능을 지닌 것으로 생각된다. 추가로 발견된 DNMT3a와 DNMT3b는 새로운 메틸화를 촉매하는 기능을 갖고 있다고 추측된다. 처음에 이 DNA 메틸화는 단순히 전사인자의 결합을 방해함으로써 전사를 억제하고 있다고 생각되었다. 이렇게 생각하게 된 배경에는 실제로 여러 종류의 전사인자들이 자신의 인식 부위에 위치하는 메틸화 CpG에 민감하게 반응하는 것으로 밝혀졌기 때문이다. 그러나 최근 좀 더 명확한 메커니즘이 속속 밝혀지고 있다.

DNA 메틸화가 진행되면 메틸화 부위에 결합(Methyl-binding domain, MBD)하는 단백질들이 특이적으로 유도된다. 현재 5종의 결합단백질들이 알려져 있고, 이들 중 MeCP2, MBD2, MBD3는 히스톤 탈아세틸효소(HDAC1, HDAC2) 등이 결합한 복합체와 선택적으로 반응할 수 있다. HDAC는 염색체와 결합하여 염색질을 구성하는 히스톤 단백질에서 아세틸기를 제거해 버린다. 메틸기결합단백질은 히스톤을 메틸화시키는 효소(HMT)도 함께 유도한다. 그들의 주장대로, 결국 DNA 메틸화는 히스톤을 변형시키고 염색질을 리모델링시켜 유전자 발현이 억제되는 결과가 나타난다.

CRISPR-Cas9

유전자 조절을 말하면서 염색체의 메틸화, 아세틸화와 함께 CRISPR-Cas9를 논의하지 않을 수 없다. 이는 박테리아의 자기보호 메커니즘에서 연구 아이디어를 얻어서 대상 유전자에 상보적인 RNA염기 서열과 '분자 가위'(Molecular scissor)라 일컫는 인공효소를 복합체로 디자인·제작하여 목표한 세포 속의 특이

유전자 염기 서열을 인식시키고 원하는 대로 자르고 편집할 수 있게 해준다. '유전자 짜깁기' 혹은 '유전자 교정'(Gene editing) 기술로 통칭되며, 동식물 세포의 유전체를 선택적으로 교정하는 데 사용한다.

1세대의 징크핑거 뉴클레이즈(ZFNs, Zinc Finger Nuclease)로 시작하여, 2세대 탈렌(TALENs, Transcription Activator-Like Effector Nucleases)을 거쳐 현재는 3세대의 크리스퍼(CRISPR-Cas9, Clustered Regularly-Interspaced Short Palindromic Repeats)의 유전자 편집 기술이 개발되어 각광받고 있다. 2015년에는 CRISPR-Cpf1의 4세대 유전자 가위까지 개발되었다. 무척 효율이 좋다고 소개되고 있으나, 연구가 더 진행되어 가면서 이 기술의 특이성에 많은 의문점들이 제기되고 있을 뿐 아니라, 치명적인 여러 단점들이 드러나고 있다. 따라서 이를 바로 임상에 적용하는 데는 큰 어려움이 있다. 치명적인 단점으로서, 짧은 RNA 단편과 Cas9단백질의 주입으로 바라지 않는 유전적 다변형(Undesired genetic mosaicism), 비표적 유전변형(Off-target mutagenesis)의 유도 및 짧은 RNA 단편과 Cas9단백질의 핵내 주입을 위한 적절한 분해성 전달물질이 존재하지 않는 것 등이 지적되고 있다.

여기까지 우리 몸속에서 일어나는 유전자 간의 기능 조절

원리를 이해하다 보니 우리의 유전언어 즉, 염색체들이 최종 발현되는 모습이 사뭇 궁금해진다. 이에 대해서 매튜 리들리는 저서 『생명 설계도, 게놈』에서 명확하고 재밌는 답변을 들려준다. 프리모 레비Primo Levi가 『주기율표』에서 발견된 주요 원소들에 대하여 개인적인 짧은 소견들을 덧붙여 놓은 것처럼, 매튜는 각 유전자에게 이야기를 만들어주는 등 유전자와 관련하여 흥미로운 주장을 하였다. 물론 많은 반대를 예상하며, 그는 책의 서문에 이와 관련한 취지를 장황하게 설명하고 있다. 그래도 고지식한 몇몇 지식인들은 여전히 반대하지만, 유전언어(염색체) 분석의 게놈 프로젝트의 기술적 발전을 통한 관련 연구로 많은 연구자들을 끌어 모으는 데 있어 그의 책이 큰 힘을 발휘하고 있다는 것은 자명한 사실이다.

책의 목차를 보면 상당히 충격적이다. 그의 주장에 따르면, 15번 염색체에는 우리의 성을 결정하는 유전 신호가, 11번은 개성과 관련된다고 주장한다. 차례만 본다면, '운명이 이미 결정되었구나'라고 생각하고 유전적 결정주의가 지배적인 것 같아 회의적일 수밖에 없다(단정하지 말고 꼭 이 책을 읽어보고, 주관적으로 판단하기 바란다).

지금까지 내부의 유전언어에 대해서 살펴보았다. 내부의

유전언어를 더 효과적으로 엿보고 필요에 따라서 외부 언어로 적절하게 표현할 수 있게 하는 아이디어가 떠오르고 있다면, 정말 여기까지 잘 따라온 것이다. 이전까지 이질적으로만 보이던 두 개의 다른 내부와 외부의 언어들을 이어주는 그 무언가가 존재한다면 언어생활을 필수적으로 하고 있는 인류 전체의 소통을 통한 생존에 큰 혜택이 될 것 같지 않은가? 이런 희망도 조금이나마 느끼게 된다면 저자로서 더할 나위 없이 기쁠 것 같다. 다음 장에서는 이들 내부와 외부 언어 간의 소통에 대해서 더 자세히 논의할 것이다.

생물이란 의식과 더불어
변화의 연속성,
과거가 현재 속에 보존되는 것,
실재적 지속 등의
속성을 공유하는 것 같다.
좀 더 나아가 생명은
의식 활동과 같은 발명이며,
끊임없는 창조라고까지 말할 수 있을까?

- 베르그송, 『창조적 진화』 중에서

사교와 대화는,
만약 어떤 경우에
불행히도 마음의 평정을 잃었다면,
그것을 되찾는 데 가장
강력한 치료제가 될 것이며,
자기만족과 기쁨에
필요한 마음의 평온과 행복을
잃어버리지 않기 위한
최선의 예방약이 될 것이다.

- 아담 스미스, 『도덕 감정론』 중에서

3부

소통

매개물

생명체 내부에서 들려오는 깊은 울림, 즉 유전체 간의 상호작용을 통한 외부 현상의 발현 결과는 다음 페이지의 도식과 같이 단순화해서 표기할 수 있다. 지금부터는 1부와 2부 간을 잇는 작업을 할 것이다. 지금껏 배운 내부의 유전언어를 우리가 흔히 일상에서 사용하는 외부 언어와 연결하기 위해서는 이들, 즉 유전체를 읽어내는 기술이 절실히 필요하다. 이는 마치 구글 번역기를 이용하여 우리가 모르는 언어를 읽고 이해할 수 있게 되어 소통의 기회를 발견하는 것과 같다. 이러한 소통, 즉 주고받기는 의미의 표현으로서 대상 자체의 생존을 결정하는 중요한 역할을 하게 된다. 이들 사이의 대항, 즉 이해하려 하지 않아서 일어나는 단절과 오해들은 끔찍한 분열을 촉진하여 결국은 생존 자체를 위협하게 될 수 있다.

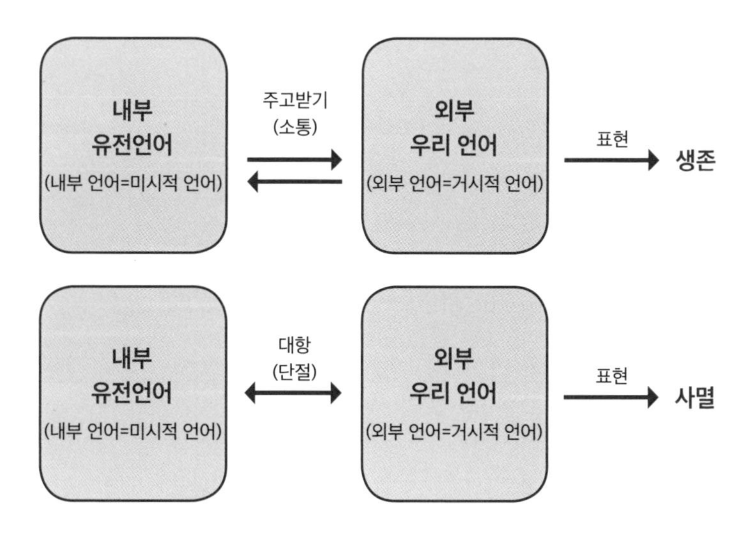

따라서 내부와 외부의 긴밀한 소통을 위해서는 우선 복잡한 체계를 갖추고 있는 듯 보이는 내부의 언어를 더 이해하려는 노력이 매우 중요하다. 앞 장에서는 내부의 언어 체계를 요약하여 살펴보았다. 필요한 순간, 유전어는 부름을 받으면 생명체 내에서 단백질의 표현형으로 발현되어서 활동을 영위하게 된다. 마치 조심스럽게 돌다리를 두드리듯이, 이는 처음으로 친구를 사귈 때나 첫 직장에서 첫 번째 일을 부여받았을 때처럼 계획에 맞추어서 차근차근 밟아 올라가 여러 경로를 따라서 조심스럽게 체계적으로 진행된다.

그렇다면 암호화되는 과정에 관여하는 복잡한 언어 체계를 살펴보자. 그림. 7은 암 관련 단백질들 간의 복잡한 시그널 회로를 보여준다. 이는 암 종의 변이에 관한 몇몇 특정 단백질들의 세포 내 위치를 분명하게 보여준다. 표기된 단백질은 물론 모두 특이적 대상 유전자로부터 발현된다.

단순하고 급작스럽게 일어나지 않고 단계별-흔히 폭포수 반응(Cascade reaction)-이라는 반응순차에 따라 일어난다. 발현 대상이 결정되면 수초 안에 대상 단백질을 생산하는 단계에 참여시키지만, 이 현상이 왜 힘들게, 마치 조심스럽게 돌다리를 두드리듯이, 단계별 진행을 선호하는지는 무척 궁금하다. 쉽게 생각하면 단백질 생산 단계처럼 빠른 소통과정, 즉 내부로부터 외

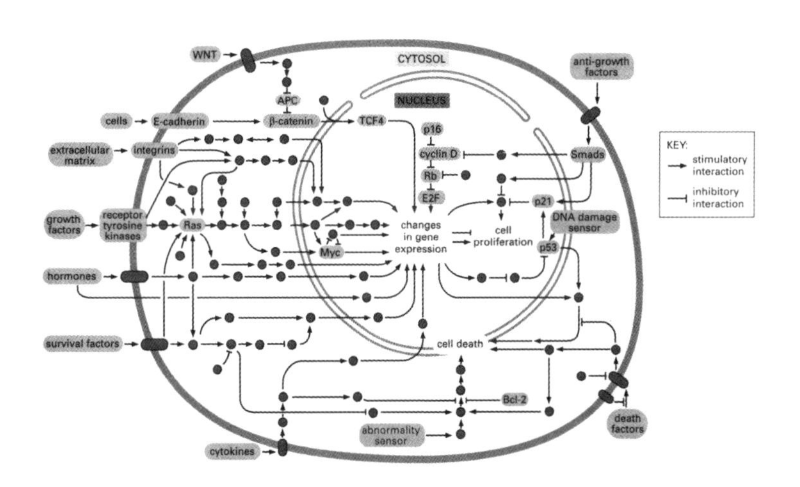

그림. 7 세포 내 암 관련한 주요 시그널 경로들에 대한 구획도
[출처: 브루수 알버츠외 5인, 『세포의 분자생물학』(2002년)]

부로 빠른 의미 전달이 선호될 것처럼 보이는데, 그렇지 않다. 이는 밝혀내어야 할 생체 미스터리로 연구해야 할 내용은 아직도 무궁무진하다. 아마도 이것은 생명 내에서 어떤 개별적 존재가 스스로 단독 결정을 통해서 혼자만 급격하게 성장하고 발전하게 될 경우를 두려워하는 전체의 조화가 있기 때문일 것 같다. 생명은 서로 협력하는 공동체 의식이 발달되어 있다. 예를 들어, 외부의 침입자로부터 우리를 튼튼히 지켜주는 면역시스템은 단일 면역 세포 혼자서 마치 슈퍼맨(혹은 슈퍼우먼)처럼 행동하여 외부 공격자들(흔히, 바이러스 등)을 단숨에 처리하지 않는다. 이에 대해서 율라 비스Eula Biss는 『면역에 관하여』(2014년)에서 다음과 같이 표현하고 있다.

> 우리는 면역계에 대해서 어마어마하게 많이 안다. 면역계는 피부에서 시작된다. 피부는 특정 세균들의 성장을 저지하는 생화학 물질을 합성하고, 좀 더 깊은 층에는 염증을 유도하고 병원체를 소화하는 세포들이 담겨 있다. 그 다음에는 소화계, 호흡계, 비뇨 생식계의 막들이 있다. 그런 막들에는 병원체를 삼키는 점액이 있고, 병원체를 쫓아내는 섬모가 나 있고, 장기 면역을 담당하는 항체를 생산할 줄 아는 세포들이 많이 몰려 있다. 병원체가 설령 이 장벽을 넘더라도, 그 다음에는 순환계가 피

속 병원체를 지라로 운반한다. 지라Spleen는 피를 여과하고, 항체를 생성한다. 림프계도 병원체를 체조직에서 림프절로 씻어 내리는데, 림프절에서도 똑같은 과정이 벌어진다. 갖가지 세포들이 병원체를 둘러싸서 그것을 소화시키고, 제거하고, 미래에 면역계가 좀 더 효율적으로 반응할 수 있도록 그것을 기억해 둔다. 몸 속 깊은 곳, 골수Marrow와 가슴 샘에서는 어지러울 정도로 다양한 면역 전문 세포들이 생성된다. 감염된 세포를 죽이는 세포, 병원체를 삼킨 뒤 그 조각을 다른 세포들에게 제시하는 세포, 다른 세포들이 암이나 감염의 징후를 드러내지 않는지 감시하는 세포, 항체를 만드는 세포, 항체를 나르는 세포, 여러 종류와 하위 종류로 세세하게 나뉜 온갖 세포들은 끊임없이 상호작용을 하면서 정교한 춤을 추는데, 그들 간의 소통은 부분적으로 자유 분자들의 활동에 의존한다. 상처나 감염 지점으로부터 나온 화학 신호가 피를 통해서 주변으로 전달되면, 세포들이 활성화하여 염증을 일으키는 물질을 분비하고, 면역을 돕는 분자들이 미생물의 막에 콕콕 구멍을 뚫어 쪼그라뜨린다.

이러한 공동체 의식은 내부와 외부 간의 소통이 당연함을 우회적으로 시사한다. 이에 대해서 그녀가 주장하는 집단 면역(Herd immunity)의 원리는 꽤 설득력이 있다.

> 집단 접종이 개인 접종보다 훨씬 효과적인 것은 바로 이 집단 면역 덕분이다. (……) 면역은 사적인 계좌인 동시에 공동의 신탁이다. 집단의 면역에 의지하는 사람은 누구든 이웃들에게 건강을 빚지고 있다.

결국 우리들 간, 우리 내부-외부 간의 소통은 필수 불가결한 귀착점인 듯하다. 지금까지 내부 언어의 결정적 표현형만 보여주었는데 소통의 당위성을 확신하는 현 시점에서, 이를 외부에서 읽어내고 싶은 욕망이 강하게 드는 것은 당연하다.

내부(유전) 언어 읽기

유전언어 읽기

과학 문명이 번창하기 시작한 1940~50년대보다 현재는 우리가 우리 내부의 깊은 울림, 유전자 언어를 이해하기 훨씬 좋은 환경이 되었다. 우리는 단순한 핵산의 발견을 넘어서서 미토콘드리아 유전체와 제2의 뇌로 인정받는 장내의 미생물 유전체에 관한 이해력까지 모든 유전언어들에 대해서 그 반경을 넓혀가고 있다.

인간 전체 유전언어를 읽고자 하는 최초의 시도는 과거 인간 게놈 프로젝트가 시작된 이래 10년이 지난 2003년 4월에 드디어 성공을 거두게 되었다. 노벨상 수상자인 프레드릭 생어Frederick Sanger가 초기에 개발한 생어 염기 서열 분석(Sanger

연도	주체	기술	소요시간	비용
2000	Human Genome Project	Sanger sequencing	10년	30억 달러
2000	Celera Genomics	Sanger sequencing	4년	3억 달러
2007	Craig Venter Institute	Sanger sequencing	4년	7천만 달러
2007	Baylor College of Medicine	Roche 454 (제임스 왓슨)	수개월	100만 달러
2007	Beijing Genome Institute	Illumina, Solexa	수개월	50만 달러
2009	Stanford University	Helicos, Heliscope	수개월	4만8천 달러
2009	서울대 의대 유전체의학연구소	Illumina, Solexa, Macrogen	수개월	3만 달러
2010	Complete Genomics	Complete Genomics	수개월	4천4백 달러
2011	Life Technology (ABI)	SOLID5500, NGS (2세대)	48시간	3천 달러
2012~2013	The Ion PGMTM	Next-NGS (3세대)	8시간	2천 달러
2014	Oxford Nanopore(TBD)	Nanopore (4세대)	15분	1천 달러

표. 3 시퀀싱 기술의 발전사 [출처: 김경철, 『유전체, 다가온 미래 의학』 (2018년)]

sequencing, 생어 시퀀싱) 기술을 기반으로 하여 약 13년간의 시간을 투자하여 얻은 인류의 소중한 결과였다.

생어 염기 서열 분석은 각 염기의 분자량 차이를 전기영동으로 분리하여 표식된 형광 물질 간의 차이에 따라 염기의 순차적인 배열을 분석하는 것으로, 염기 서열 분석 기술에서는 고전적인 방식이다. 그러나 여전히 그 기본 원리는 거의 모든 유전체 분석 방법에서 현재까지 사용되고 있다. 유전체 분석이 처음 시작된 1990년대 초기에는 염기 서열을 하나씩 읽어감으로써 오랜 시간이 걸리는 생어 염기 서열 분석 방법과는 달리, 서로 경쟁하는 셀레라 제노믹스(Celera Genomics)에서 전체 유전체의 크기를 조각내고 하나하나 읽어서 이어붙이는 방식으로 전체 유전체를 분석했다. 이 획기적인 방법은 분석 시간을 4년 내로 단축시키는 쾌거를 이룩하였다.

이때부터 유전언어를 읽어내는 기술은 전체 시간과 비용을 고려하여 점차 발전하고 진화하기 시작하였다. 생어 염기 서열 분석 이후에 이들은 자동화되는 등[14] 혁신적인 기술적 진보를 이

14 생어와 길버트의 노력으로 염기 서열 분석이 가능해졌던 그 순간부터 많은 발전이 있었다. 그 염기 서열 분석 기술들 중 기억해야 할 주요 업적들 중 하나를 임의로 고르라면, 개인적인 생각으로 캘리포니아 공과대학의 리 후드(Lee Hood) 연구진이 <네이처>에 발표한 연구 결과라고 감히 말할 수 있다. 연구진은 당시에 널리 사용되던 단 한 가지 방사선 동위원소 탐침을 대신해, 네 가지 서로 다른 형광 색소를 네 가지 서로 다른 염기 서열 분석에 연관시키는 방법을 처음으로 도입하였다. 이 기술은 DNA 염기 서열 분석 기술의 획기적인 발전을 이룬 연구라고 칭송받을 만하다. 크레이그 벤터(Craig Venter)가 자서전, 『게놈의 기적(A life decoded)』(2009년)에서 기술한 대로, 이는 생물학의 아날로그적 세계가 마이크로칩의 디지털 세계로 바뀌는 시점이었다.

루고 있다. 그러나 여전히 개인의 유전체 분석을 위해서는 막대한 시간과 비용이 필요하다. 이는 기술의 확대를 가로막는 치명적인 한계점이 되고 있다. 이를 극복하고 개인 유전체를 저렴한 비용으로 빠르게 분석하기 위하여 기존의 분석 방법에서 병목 현상을 일으키는 복잡한 과정을 과감하게 생략하고, 시간이 많이 소요되는 일련의 과정을 한 번에 대량으로 처리할 수 있는 차세대 염기 서열 분석법(Next-generation Sequencing: NGS)이 드디어 출현하게 되었다.

표. 3은 국내 유전체 분석의 선두주자인 김경철 박사의 『유전체, 다가온 미래 의학』(2018년)에 소개된 시퀀싱 기술의 발전사를 요약하고 있다. 차세대 염기 서열 분석을 포함하는 전체 유전체 분석 기술의 변화를 한눈에 파악할 수 있다.

그림. 8은 현재 사용되고 있는 차세대 염기 분석 플랫폼의 종류를 간단히 요약하고 있다. 분석용량, 속도, 가격 등 양과 질적인 면에서 NGS는 괄목할 만한 성장을 하고 있다. 이는 인간 유전체의 깊이 있는 이해를 이끌어 내었고 비용과 시간이 절약되어 여러 학문 분야에 쉽게 적용이 가능하게 되었다. 그 결과 그 연구 범위는 끝을 모르고 확대되고 있다.

	ABI 3730XL	Roche (GS FLX+)	Roche (GS Junior)	Illumina (Miseq)	Illumina (Hiseq)		Ion-torrent PGM(318)	Ion-torrent Proton	PacBio RS C2
					High Output	Rapid Run			
Chemistry	Sanger Sequencing	Pyrosequencing	Pyrosequencing	Sequencing by synthesis(SBS)	Sequencing by synthesis(SBS)		semiconductor	semiconductor	Single Molecule real time sequencing
Amplification	×	Emulsion PCR	Emulsion PCR	Bridge PCR	Bridge PCR		Emulsion PCR	Emulsion PCR	×
Sequencing Speed	20kb/h	30 Mb/h	3.5 Mb/h	200~210 Mb/h	2.2 Gb/h	4.4 Gb/h	130~270Mb/h	4.4 Gb/h	50Mb/h
output/run	1.9~84kb	700bp	35Mb	7.8~8.5 Gb	600G	120G	1~2G	10G	100mb
Time/run	20min~3h	23h	10h	39h	11days	27h	7.3h	2~4h	2h
Read length	400~900bp	7,000bp	400bp	2*250bp	2*100bp	2*150bp	400bp	200bp	2900bp
■ of reads/run	-	1M	0.1M	30~34million	6 million	1.2 million	-	60~80million	-
Cost per run (total)	-	$7,000	-	$128K	$654K	-	-	-	$695K
Cost per Gb	$2,457,600	$10,240	-	$502	$41	-	$1,000	-	$2,000
Accuracy	99.9%	99.9%	99.9%	98%	98%	98%	98%	98%	87%(CLR), 99%(CCS)
Advantage	Long indvidual reads, useful for many applications	Long read size Fast		portential for high sequence yield, depending upon sequencer model and desired application			less expensive equipment, fast		Longest read length, fast Detects 4mC, 5mC, 6mA
Disadvantage	More expensive	Runs are expensive Homopolymer errors		Equipment can be very expensive			Homopolymer errors		Low yield at high accuracy Equipment can be very expensive

그림. 8 차세대 염기 서열 분석 플랫폼 요약

[출처: 김경철, 『유전체, 다가온 미래 의학』(2018년)의 43페이지]

차세대 염기 서열 분석(NGS)의 출현

차세대 염기 서열 분석(NGS) 기술은 다양한 질환 연구에 활발히 응용되고 있는데, 특히 암 연구에서 큰 두각을 나타내고 있다. 2010년 이후에 TCGA(The Cancer Genome Atlas)와 ICGC(International Cancer Genome Consortium)와 같은 대형 염기 서열 분석 프로젝트들이 출현하며 암의 유전체 빅데이터들이 구축되고 있다. 최근 미국에서는 환자 백만 명의 유전체 정보를 분석하여 개인별 맞춤의학 구현을 위한 정보를 수집하는 등 정밀 의학 창립(Precision

Medicine Initiative, PMI)이라는 수백만 달러 규모의 장기적인 집단 연구가 진행 중이다[프랜시스 콜린스와 동료들, N. Engl. J. Med.(2015년)]. 유전체 정보를 이용한 맞춤치료에 대한 연구는 영국에서는 'The 100,000 Genomes Project'가 진행 중이고, 중국에서는 베이징 유전체 연구소(Beijing Genomics Institute, BGI)를 중심으로 전 세계 유전체 데이터의 20퍼센트 이상을 생산하는 등 유전체 분석 산업에 전 세계적으로 전폭적인 지원이 이어지고 있다[마크 페플로우(Mark Peplow), BMJ(2016년)].

우리나라도 맞춤의학 구현을 목표로 2014~2021년까지 약 5,788억 원을 투입하여 '포스트게놈 다부처 유전체 사업'을 진행 중이다. 이 사업을 통하여 구축된 유전체 데이터를 국가생명연구자원정보센터(KOBIC)를 통해 통합 관리하는 한국인 유전체 정보를 바탕으로 맞춤의학 구현의 근거를 마련하고 있다[생명공학정책연구센터(2015년)].

NGS 기술 발달에 따른 암 유전체 정보의 축적을 통하여 암의 진단, 치료 등에 사용할 수 있는 종양 유전자(driver oncogene)가 세상에 널리 알려지게 되었다. 이를 빠르게 확인할 수 있도록 하는 차세대 유전체 분석 패널(panel)들이 점차 개발되기 시작하였다. 이로써 유전체 검사의 임상적 유용성이 폐암, 유방암, 대장암 등에서 점차 증명되고 있다. 우리나라에서는 2017년부터 차세대 염기 서열 분석(NGS) 기반 유전자 패널 검사에도 건강보험이 적용되면서 그 이용이 더욱 증가할 것으로 예상되고 있다.

최근에는 차세대 염기 서열 분석 기술의 혁신적인 발전에 힘입어서 암의 다양성(Tumor heterogeneity)을 극복하고자 하나하나의 암세포에서 유전체 분석을 시행할 수 있는 단일 세포 염기 서열 분석(Single cell sequencing)이 개발되어 이용되고 있다. 2009년 단일 세포 전사체 분석(Single cell whole transcriptome sequencing) 기술이 개발된 이후, 2011년 단일 세포 전장유전체 염기 서열 분석(Single cell whole genome sequencing), 2012년 단일 세포 엑솜 염기 서열 분석(Single cell whole exome sequencing), 2013년 단일 세포 후성유전체 분석(Single cell epigenetic sequencing) 기술이 차례로 개발되면서 현재 암을 비롯한 다양한 분야로 확대되어 활발한 연구가 진행 중이다[지안 왕(Jian Wang)과 동료들, Clin. Transl. Med.(2017년)].

차세대 염기 서열 분석이 등장하면서부터 언급되었던 중요한 전환점은 천 달러의 인간 게놈 염기 서열 분석이 가능해지는 시기였다. 현재 급속한 기술 발전으로 암 등의 질환 관련 유전자 검사에서 일대 전환점이 이루어지고 있다. 현재는 유전자를 제외하고는 의학을 논할 수 없는 시대가 되고 있다. 최근 차세대 염기 서열 분석 기반 유전자 패널들이 암 질환에서 기존

병리검사를 대체할 수 있는 표준검사법으로 대두되면서 차세대 염기 서열 분석 분야에 대한 연구 개발과 실용화는 더욱 가속화될 것으로 예상된다. 현재까지는 표적 염기 서열 분석(Targeted sequencing)으로 수십 개의 유전자에서 정해진 특정 표적 서열에 대한 분석만을 진행하지만, 현재와 같은 기술의 발전 속도로 볼 때 머지않은 미래에 모든 유전자에 대한 검사를 진행할 수 있도록 하는 기술 개발도 가능해질 것으로 기대된다.

하지만 현재 차세대 염기 서열 분석에 사용되는 유전체 분석 장비와 패널, 분석 소프트웨어 등은 소수의 기업들이 전 세계 시장을 주도하고 있다. 향후 차세대 염기 서열 분석 기술의 높은 활용도가 기대되는 만큼, 국산 기술 개발을 위한 투자와 연구에 더 많은 관심과 전략이 필요하다.

NGS의 독주와 변형된 발전

현재 지노타이핑(Genotyping)의 대표로 인식되고 있는 NGS 이전에는 유전변이형(Mutant type)과 기본형(Wilde type)을 간단히 비교하는 것으로 가장 먼저 '제한 절편 길이 다형태(Restriction Fragment Length Polymorphism, RFLP)'를 포함한 태그맨(TaqMan) 기술이 널리 이용되었다. 이는 특정 부위의 단일 염기 다형성 돌연변이

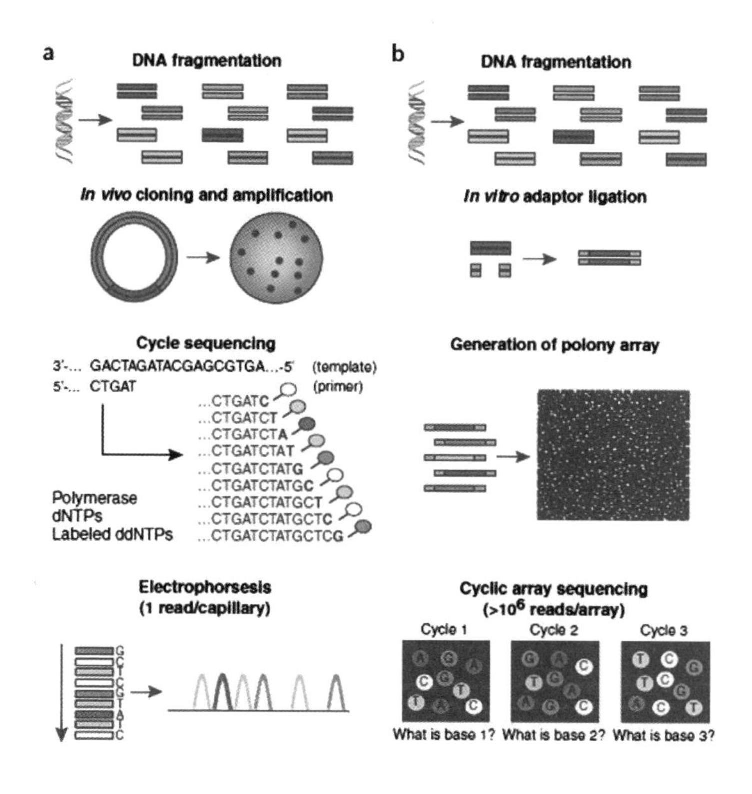

그림. 9 생어 염기 서열 분석과 차세대 염기 서열 분석(NGS)의 비교
[출처: 제이 쉔드르(Jay Shendure)와 동료들, Nature Biotechnology (2008년)]

(SNP mutation)를 검출하기 위하여 형광 물질이 담긴 염기 프로브(Probe)가 이와 반응하고, 형광판독기를 사용하여 서열을 단순히 관찰하는 방식이다. 현재는 3,072개의 웰 플레이트(Well plate)에

96명의 샘플을 동시에 맞추어서 32개 변이들, 48명의 샘플에 맞추어서 64개, 24명의 샘플에는 128개의 샘플을 동시에 관찰하는 등 적은 수의 마커로 대량의 샘플을 확인하는 '질병 예측 검사용 서비스'가 최적화되어 있다. 이와 병행하여 사용자의 편의성을 위하여 마이크로칩 형태로 디자인되어서 사용되기도 한다.

NGS 출현 이후에는 다양한 지노타이핑 기술들이 산재하여 필요에 따라서 혼용되어 사용되고 있다. 물론 여전히 전체 게놈 분석을 위해서 차세대 염기 서열 분석이 유일한 대안으로 선호되고 있으나, 최근에는 액체 생검(Liquid biopsy)에서 혈액 내 잔류하는 세포 없는 DNA(Cell-free DNA)를 검출하기 위한 분야에 적극 이용되기 위해 응용·개발되고 있다. 이는 크게 클론 증폭(Clonal amplification), 대량 병렬법(Massively parallel sequencing), 염기 서열 결정법(Cyclic sequencing)의 세 가지 기술로 이루어져 있다[마이클 메츠커(Michael L. Metzker), Nature Reviews Genetics(2009년)].

첫 번째 클론 증폭은 주형 클론(clone)을 얻는 과정을 단순화하여 번거로운 라이브러리 구축과 클로닝(Cloning) 과정을 없앤다. 염기 서열을 짧은 단편으로 직접 자른 다음, 중합 연쇄 반응(Polymerase chain reaction: PCR)으로 바로 증폭하여 주형 클론을 얻었다. 여기서, PCR은 최소량의 유전자 조각이라도 중합효소(Polymerase)와 프라이머(Primer)라 불리는 10~30개 염기 길이의

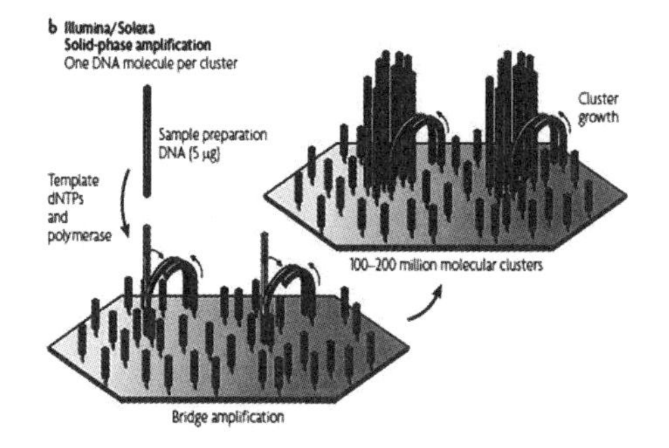

그림. 10 로슈와 일루미나의 브릿지 증폭 원리의 비교
[출처: 마이클 메츠커, Nature Review Genetics (2009년)]

단위상보적인 유전자만 있다면 그 동일한 유전자를 수백에서 수만 배로 증식시킬 수 있다. PCR 방식에 따라, 로슈와 라이프 테크놀로지스의 이멀션(Emulsion) PCR 방식과 일루미나의 고체상 증폭 방식(Solid-phase amplification)으로 이루어진다[그림. 9, 10 참조].

두 번째 대량 병렬법은 수십만 개의 단일 핵산 염기 서열 단편(Single DNA fragment)을 공간적으로 분리한 다음 그 자리에서 바로 클론을 증폭하거나 염기 서열 결정 반응을 진행하는 기술이다. 이 경우 로슈와 라이프 테크놀로지스는 이멀션 PCR로 증폭된 산물을 대량 병렬법으로 정렬하여 염기 서열 분석을 진행하나, 일루미나의 경우 단일 핵산 염기 서열 단편을 어뎁터(Adaptor)와 결합시켜 대량 병렬 상태를 갖춘 후 증폭과 염기 서열 분석이 이루어진다.

마지막으로 염기 서열 결정을 위해 차세대 염기 서열 분석에서는 생어 염기 서열 분석을 탈피하여 작용기전이 다른 염기 서열 분석 기법을 사용한다. 라이프 테크놀로지스는 결합 염기 서열 분석(Ligation sequencing), 일루미나는 형광 표지 핵산 염기 서열 합성법, 로슈는 파이로시퀀싱(Pyrosequencing) 방법을 이용한다. 전장유전체 분석의 시대를 맞아서, 차세대 염기 서열 분석법이 큰 관심을 받고 있으며 급속도로 발전되고 있다. 앞서 소개한대로 이 분야는 로슈, 일루미나, 써모피셔[15]의 주요 기술 경쟁을 통해서 폭발적으로 발전하고 있다. 이들 선두 그룹들의 기술은 PCR 증폭 방식에 따라서 크게 구분되어서 로슈의 454, 써모피셔의 유탁액 증폭(Emulsion PCR), 일루미나의 브릿지 증폭(Bridge PCR) 방식으로 나누어 구분한다[분석 플랫폼, 그림. 10, 11 참조]. 이들은 대량의 병렬 데이터 생산으로 유전체의 염기 서열을 고속으로 분석하고 있다.

이러한 기술은 적은 양의 검체로도 염기 서열 분석이 가

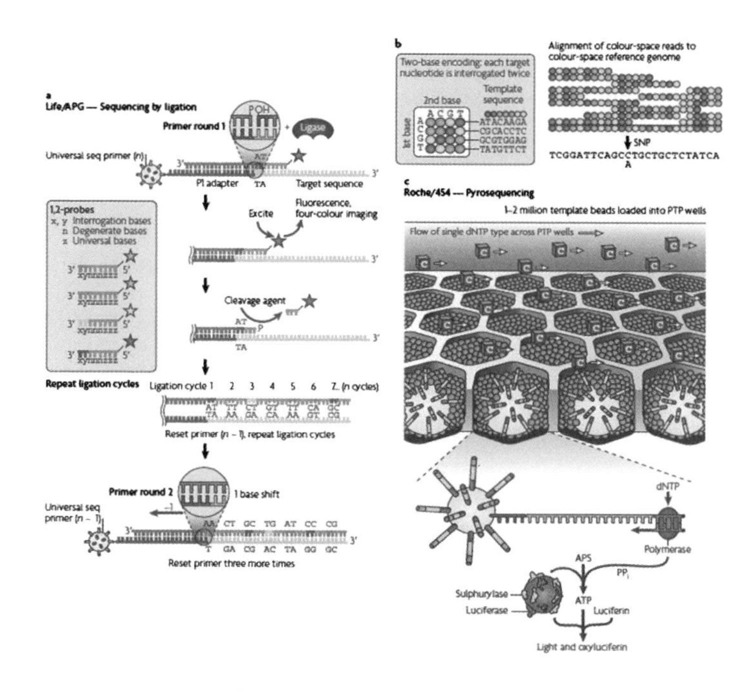

그림. 11 로슈와 써모피셔싸이어티픽 기술 비교. (a) 결합 염기 서열 분석(Ligation sequencing), (b) 형광 표지 염기 서열 합성법 방식, (c) 파이로시퀀싱(Pyrosequencing) 방법 비교 [출처: 마이클 메츠커, Nature Review Genetics (2009년)]

능하고, 수십 만 개의 반응을 동시에 진행시킬 수 있는 다중화(Multiplexing) 능력을 갖추고 있다. 이로써 빠른 시간 내에 전장 유전체 연관성 분석(Genome-wide association study: GWAS)이 가능하게 되었으며 인간 유전체 전반에 대한 다양한 질환과 연관성을 가진 유전자 변이들이 점차 발굴되고 있다. 이를 통해서 질병의 원인 규명에 한걸음 더 다가가게 되었으며 개인별 맞춤의학(Personalized medicine: PM)의 시대로 접어들고 있다.

앞서 주요 선두 그룹을 추월하려는 후발주자로 대표적인 그룹은 '옥스퍼드 나노포어'(Oxford nanopore)이다. 옥스퍼드 나노포어에서는 놀랍게도 15분 만에 시퀀싱이 가능한 혁신적인 제품을 선보였다. DNA 단일 가닥을 생물학적으로 디자인된 나노포어(Nanopore, 나노세공) 속으로 통과시켜 순간적으로 발생되는 전기전도성 변화 차이를 읽어내어 염기 서열을 분석하는 것이다. 2012년 2월에 자사가 개발한 그리드온 시스템(GridlON system)을 이용하여 DNA 염기 서열을 분석하는 데 성공하였고, 가장 최근에는 15분 만에 시퀀싱을 수행한 후 개인 휴대폰

---

15 로슈(Roche)는 2007년에 인류 역사상 최초의 NGS 플랫폼을 선보였다. 매우 흥미롭고 역사상으로 기록될 만한 그들의 첫 번째 연구 대상자는 DNA 구조를 발견하여 노벨상을 받은 제임스 왓슨이었다.
현재 미국 샌디에고에 본사를 두고 있는 일루미나(Illumina)는 2012년 로슈가 67억 달러(약 7조 원)을 들여 인수하려고 노력하였으나 실패하였다. 현재 기업 가치는 시가총액 208억 달러로 치솟았고, 전 세계 NGS 분석 시장에서 전체 매출의 70퍼센트를 차지할 정도로 급성장하였다. 브릿지 증폭(Bridge PCR)에 기반한 하이식(HiSeq) 시리즈가 주력 개발 장비이다. 써모피셔 사이언티픽(Thermo Fisher Scientific)은 라이프 테크놀로지스(Life Technologies), 어플라이드 바이오시스템(Applied Biosystem), 인버트로젠(Invirtrogen) 등의 유명한 바이오 전문 회사들을 합병하여 매머드급 염기 서열 분석 업체로 자리하고 있다. 현재 연매출 200억 달러로 6만 5천 명이 근무하는 큰 기업으로 성장하였다. 대표적으로 유탁액 증폭(Emulsion PCR) 이후 결찰(Ligation)을 통한 시퀀싱을 수행하는 독특한 기술 기반의 솔리드(SOLiD) 시리즈를 개발하여 정확도 높은 분석으로 유명하다.

에 정보를 입력하여 분석 결과를 직접 확인할 수 있는 스미지온(SmidgION)을 공개하여 큰 반향을 일으켰다[그림. 12 참조].

최근에는 많은 회사가 유전체 서열 분석을 통하여 암은 물론 여러 난치성 질병유전체에 관한 예측 서비스를 제안하고 있다. 대표적으로 의사의 손을 거치지 않고 대상 소비자에게 직접 유전체 분석 서비스를 공급하는 것으로 유명한 '23앤드미(23andMe)'가 있다. 이는 2015년에 블룸증후군(Bloom syndrome)의 예측 검사 승인을 받은 이후로 낭성 섬유증 등을 포함한 35개 유전질환과 관련된 유전자 분석 결과를 199달러에 판매하고 있다. 질환 대상 폭을 확대하여 2017년 6월에 알츠하이머, 파킨슨병은 물론 셀리악병 등 8개의 추가 유전질환에 대한 서비스를

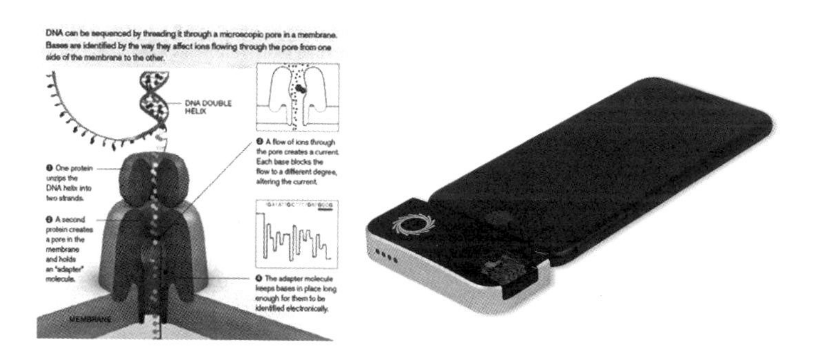

그림. 12 나노포어 시퀀싱의 원리[출처: MIT 테크놀로지]와 나노포어의 스미지온(SmidgION)의 실제 모습[출처: 옥스퍼드 나노포어 홈페이지]

승인받아 추진 중이다. 현재 누적 서비스 이용자가 200만 명에 이르고, 기업 전망도 밝아서 약 1조 달러에 달하는 기업 가치를 평가받고 있다.

크레이그 벤터는 회사마다 유전체 예측이 다르다는 것에 의심을 품고 2009년 〈네이처〉에 23앤드미와 네비제닉스(Navigenics)의 질병 예측 결과를 비교하여 발표하였다. 동일한 환자에 대해서 회사마다 유전체 질병 예측의 불일치가 증명되면서 소비자들은 한동안 혼란에 사로잡혔다. 이는 회사마다 질병 예측에 사용하는 유전자와 변이를 다르게 골라 사용하고, 다른 알고리즘으로 확증했기 때문이라고 일단락되었다. 이후부터 정부가 직접 정한 유전자 대상으로만 분석이 이루어졌다. 이는 단지 유전자만이 아니라 주변 환경과의 연계성을 살펴보아야 한다는 중요한 교훈을 주었다.

그럼에도 불구하고, 차세대 염기 서열 분석 기술은 유전자(DNA level), 전사체(RNA level), 후성유전체(Epigenetic level)에 걸친 유전체 전 분야에 적용 가능하게 변화되고 있다. 이를 위해 전장유전체 염기 서열 분석, 엑솜 염기 서열 분석, 전사체 염기 서열 분석 등의 다양한 분석 플랫폼이 구축되고 있다. DNA 상에서 단일 염기 서열 변이(Single nucleotide variants: SNVs), 삽입/결손(Insertion/deletion), 복제수 변이(Copy number alteration) 등은 전장유전체 염기 서열 분석이나 엑솜 염기 서열 분석으로, RNA 상에서 mRNA의 발현량 변화, 융합 유전자(Gene fusion), 선택적 접합(Alternative splicing) 등은 전사체 염기 서열 분석으로 확인할 수 있다.

이러한 분석 방법은 대량 유전체 정보 생산과 새로운 유전체 변이의 발굴을 위해 유용하지만, 비용적인 부담과 방대한 분량의 데이터 생산으로 인한 데이터 분석과 적용의 어려움, 긴 분석 시간 등의 한계점을 지니고 있다. 따라서 실제적인 진단용 검사법으로 사용되기에는 적합하지 않다. 이러한 한계점을 극복하기 위한 플랫폼으로 '표적 염기 서열 분석'(Targeted NGS)이 점차 대두되고 있다.

표적 염기 서열 분석은 전장유전체 염기 서열 분석이나 엑솜 염기 서열 분석과 달리 선정된 특정 유전자만을 표적으로 하여 분석하기 때문에 비용적인 효율성을 높일 수 있고, 유전체 분석에 필요한 진단 시간을 줄일 수 있다. 표적 염기 서열 분석은 한 염기를 더 많이 읽어 들어가 깊이 분석하기 때문에, 낮은 유전적 잦은 변이를 더 정확하게 분석할 수 있다. 또 단일 염기 서열 변이부터 큰 사이즈의 염색체 재배열까지 분석이 가능하다. 또한 전장유전체 염기 서열 분석, 엑솜 염기 서열 분석보다 더 많은 검체를 한 번에 분석할 수 있고, 표적으로 하는 분석 대상이 명확하다. 따라서 검체 효율성이 높아서 암 등의 질환에서 소량의 검체를 이용하여 새로운 유전자 변이를 밝히고자 할 때 유리하다.

표적 염기 서열 분석을 이용한 진단의 최적화를 위해 표적으로 하는 유전자(진단 및 치료의 바이오마커 등)에 대한 정보를 잘 알고 목적에 적합한 패널을 디자인하고, 생산된 대량의 데이터를 효과적으로 분석할 수 있어야 할 것이다[디 샤오(Di Shao)와 동료들, Scientific Reports(2016년), 안명주와 동료들, BT News(2017년)].

새로운 요구

오랜 시간과 복잡한 연산회로 등의 요구에 의해서 전장유전체 분석에 대한 선호도는 점차 줄어들고 있다. 대신 단일 혹은 복수의 특정 대표 유전자 집단들을 패널화하여 동시다발적으로 빠르게 분석하는 방법이 점차 선호되고 있다. 이는 단순히 유전체 염기 서열 분석에 집중하는 것에서 탈피하여 유전 정보를 실제 임상 결과와 연계시키려는 현실적인 노력 때문에 가능하였다. 질환 관련 유전자를 가능한 빨리 분석하여 치료 효능을 극대화할 필요가 있었기 때문이다.

표적 염기 서열 분석 방법도 한 가지 대안으로 대두되지만, 작은 양의 염기 서열의 증폭 과정에서 흔하게 일어날 수 있는 오염 문제로 인한 오류 분석이 자주 관찰되고, 또 값비싼 분석 장비의 활용 등 그 이용성에 단점이 지속적으로 지적되고 있다. 또한, 후성유전학의 발전으로 유전자 발현의 중요성이 점차 대두되고, 이의 주요 스위치 기능을 담당하는 분자인 마이크로 RNA(microRNA: miRNA)[16]가 최근 발견되면서 이들의 쓰임이 크게 주목받고 있는 것도 새로운 유전체 분석 방법의 개발을 약동시키는 원인이 되고 있다.

인간 세포 내에는 약 1,000종류의 miRNA들이 존재하고, 각 miRNA들은 약 100가지의 mRNA 조절에 관여하는 것으로 알려져 있다. 이러한 miRNA의 발현 프로파일은 특정 질환(특히, 암) 환자에 대한 바이오마커로 적극 활용할 수 있다. 이는 바로 특정 miRNA들이 종양 형성 및 암의 진행 과정에 대한 중요한 정보를 알려주기 때문이다[파비안 페이어싱거(Fabian Feiersinger)와 동료들, PLoS One(2016년), 소헤일 타바조이에(Sohail F. Tavazoie)와 동료들, Nature(2008년)]. 비교적 짧은 길이의 염기 서열로 인해서 그에 관

16 이는 19~25 뉴클레오타이드(핵염)의 짧은 RNA 가닥으로서 세포 내 메신저 RNA(mRNA)의 3'-말단의 비해석부위(Uuntranslated region: UTR)와 특이적인 상보적 결합을 하여 단백질로의 번역을 억제하거나 대상 mRNA의 분해를 유도하는 것이 잘 알려져 있다. 이 현상에 대한 발견으로 앤드류 파이어(Andrew Z. Fire)와 크레이그 멜로(Craig C. Mello)는 2006년 노벨의학상을 수상하였다.

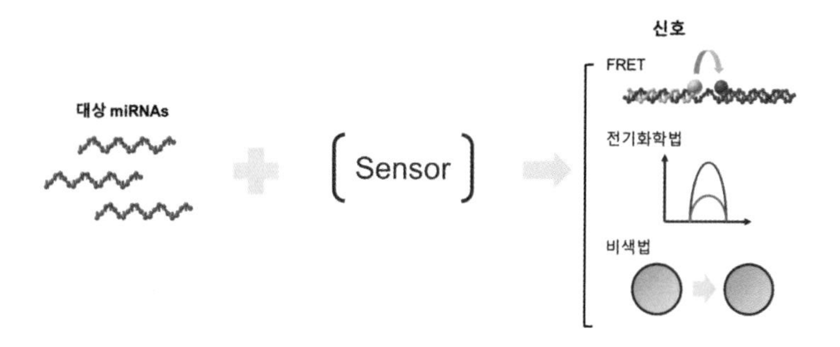

그림. 13 대상 유전언어(여기서, miRNA들의 짧은 염기(유전) 서열들)을 읽기 위한 방법은 그 원리에 따라 FRET, 전기화학법, 비색법 등이 선호된다.

한 유전체 검출 시스템을 구성하는 것이 차세대 염기 서열 분석법(NGS)과 비교하여 상대적으로 유리하다는 큰 장점이 있다.

환자의 액체 생검 샘플이나 단일 세포 수준에서 다중 miRNA의 검출에 대한 중요성이 급속히 증가하고 있는 현실에서, 짧은 길이의 miRNA에 NGS 기술을 직접 적용하는 데는 큰 어려움이 있다. 앞서 지적한 대로 PCR 기반의 NGS 검출 방식은 1세대 염기 서열 법에 비하여 아직까지 정확성이 많이 떨어진다는 단점도 있다. 잦은 오류와 다중 진단이 불가능하다는 큰 문제점도 여러 번 지적되어 왔다. 이를 극복하기 위한 방안으로 PCR 없이 유전자 염기 서열들을 분석하는 새로운 방법들이 직접 개발되고 있다. 암 질환에서 특이적 짧은 염기 서열을 이용한 실시간의 차세대 염기 서열 분석법이 성공하고 있고, 급변하는 암 환경의 완벽한 제어를 위한 특정 약물의 선별이 임상에서 점차 입증되어 선호되고 있는 중이다.

짧은 염기 서열 읽기

여기서는 기존의 유전자 센서 기술에 기반을 둔 miRNA 등의 짧은 염기 길이의 유전자들의 분석 방법들을 더 소개하고자 한다. 앞서 지적한 대로, NGS는 증폭해낸 모든 서열을 분석하기 때문에 증폭 과정에서 발생한 무작위한 염기 서열의 돌연변이로 인한 오류에 몹시 취약하다.

이를 보완하기 위해서 서열들을 반복적으로 분석하여 서로 겹쳐 읽어보면서 교정하고 있다. 현재는 기존의 염기 서열 방법보다는 그 비용이 많이 줄었지만, 유전체당 약 5,000달러 정도의 추가 비용이 발생한다. 유전자 바이오마커의 총량이 상대적으로 많지 않은 초기 암의 경우에는 정밀한 진단을 위한 반복적 염기 서열 분석 과정에서 보다 큰 비용이 소요될 것으로 예상할 수 있다.

이에 대한 대안으로 3세대 염기 서열 분석법(Third-generation sequencing)이라 불리는 단일분자 염기 서열 분석법이 등장하기

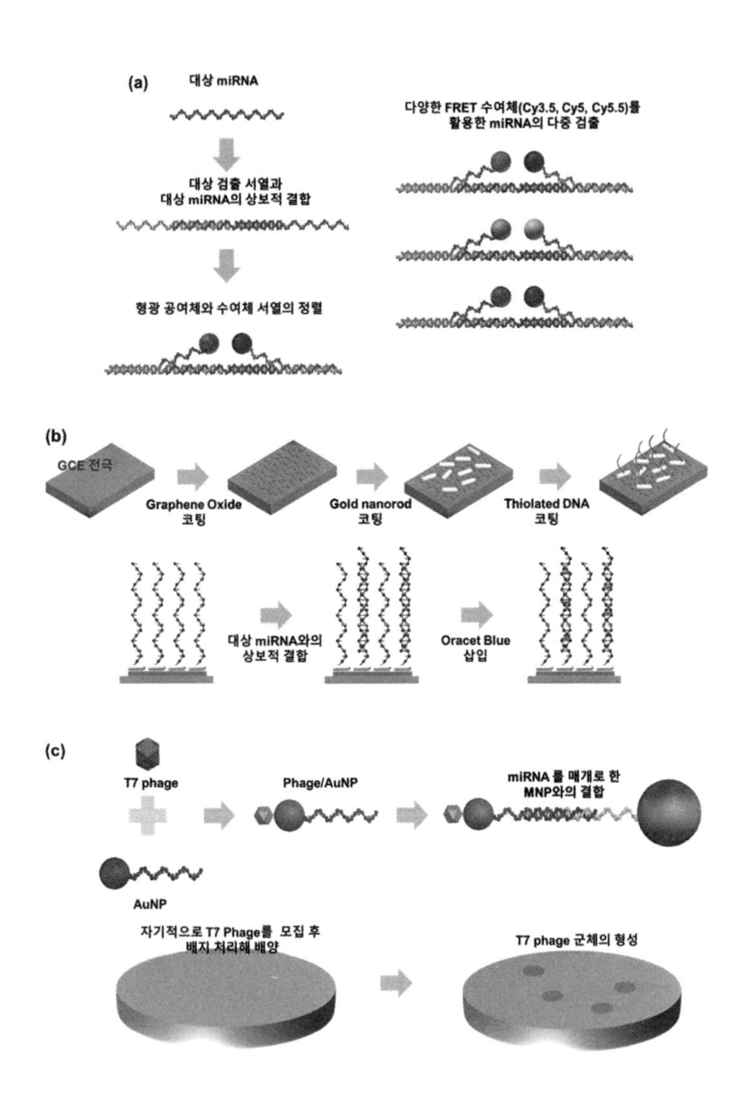

그림. 14 대상 miRNA들을 검출하는 다양한 방법들의 예

도 했다. 이는 미량의 시료를 PCR 증폭 없이 분석 가능하며, 비교적 판독 길이가 길다는 장점이 있지만, 아직까지는 개발 단계 수준에 머물러 있다.

여기서는 암을 대상으로 하는 특이하며 상대적으로 짧은 염기 길이의 유전체 바이오마커인 miRNA들을 중심으로, 기존의 서열 분석에서 유전자 증폭 단계 없이 ❶검출 시스템을 활용한 기 선정된 대상 miRNA의 직접 검출과 ❷신호 증폭을 통한 감도 향상의 간접 검출로 나누어서 액체 생검을 위한 혈액 내 샘플 miRNA의 모니터링에 대한 최신의 대표적인 공학적 연구 방법들을 자세히 설명할 것이다. 잘 알려진 암이나 종양에 특이적인 염기 서열들을 지정하고, 상보적인 염기 서열을 이용해서 효과적인 검출 시스템을 구현하는 방법들을 집중 연구한다[그림. 13 참조].

그림. 14에서와 같이, 종웬 진Zongwen Jin과 그의 연구팀은 Cy3.5, Cy5, Cy5.5 등을 형광 수여체로 Lumi4-Tb를 형광 공여체로 활용하여 특정 miRNA 등의 짧은 염기 서열을 검출하는데 성공했다[그림. 14(a) 참조]. 연구팀은 총 네 가지의 염기 서열을 디자인했는데, 먼저 두 가지 서열은 형광 공명 에너지 전이(Fluorescence resonance energy transfer: FRET)[17] 서열로 Lumi4-Tb와 Cy3.5, Cy5, Cy5.5의 형광 물질들이 부착되어 있다. 나머지 두 개의 염기 서열은 어댑터 서열로서 이들 miRNA의 절반과 결합할 수 있다. 어댑터 서열의 나머지 부분은 FRET 서열과 상보적 결합을 할 수 있기 때문에 어댑터 서열의 종류에 따라 FRET 서열이 이중결합을 이루며 부착된다. 결과적으로 FRET 서열에 표지된 두 개의 형광 물질이 서로 가까워지게 되고, 결국에 FRET 현상을 이용하여 연구팀은 혈청 샘플에서 세 종류의 miRNA들을 0.9 nM 농도의 낮은 감도까지 검출할 수 있음을 증명하였다.

모스타파 아잠자데Mostafa Azimzadeh의 연구팀에서는 전기화학적 나노 바이오 센서를 통해 혈장 샘플에 있는 miRNA를 탐지해냈다[그림. 14(b) 참조]. 연구팀에서는 먼저 그래핀 산화물(Graphene oxide)이 코팅된 유리 탄소 전극(Glass-carbon electrode: GCE)에 금 나노 막대를 코팅하였다. 그리고 대상 miRNA와 상보적인 염기 서열의 말단에 싸이올기(Thiol group, -SH)를 첨가하여 금 나노 막대 표면에 상보적 염기 서열을 고정시켰다. 이 검출 시스템을 대상 miRNA와 반응시킨 후 Oracet blue 용액을 처리하면, Oracet

---

17 형광 공명 에너지 전이를 통한 검출 시스템의 경우, 바이오마커 검출 시스템을 디자인하는 데 있어 이 현상을 이용하는 경우가 많다. 이는 두 형광 물질이 서로 가까운 거리에 있을 때 공명 효과를 통해 에너지를 교환하는 것을 말한다. 에너지를 전달해주는 쪽을 형광 공여체(Donor), 받는 쪽은 형광 수여체(Acceptor)라 한다. 이 현상이 이루어지기 위해서는 공여체의 방출 파장과 수여체의 흡수 파장이 비슷한 영역을 가져야만 한다[로버트 크레그(Robert M. Clegg), Current Opinion in Biotechnology(1995년)].

blue가 이중결합 서열에 삽입되고, 즉시 환원된다. 환원 정도는 전위차 펄스를 단계적으로 높아지게 하면서 주기적으로 가한 뒤, 이에 해당하는 전류를 측정하여 샘플이 얼마나 환원되었는지 측정하는 시차 펄스 전압(Differential pulse voltammetry: DPV)에 의해 측정되었다. 이 검출 시스템은 0.6 fM의 낮은 검출 한계를 보였다.

신 주우Xin Zhou의 연구팀에서는 파지(phage, 박테리오파지)의 군체를 이용한 비색법을 구현해냈다[그림. 14(c) 참조]. 연구팀은 유전적으로 변화시킨 T7 파지에 녹색 형광 단백질을 표지시키고, 금 나노 입자를 부착시켜 금 나노 입자-파지 복합체를 형성하였다. 금 나노 입자와 산화 철 입자에는 대상 miRNA를 매개로 두 입자가 연결될 수 있도록 miRNA와 상보적인 서열들을 붙여주었다. 이후 대상 miRNA로 인해 연결된 금 나노 입자-파지 복합체와 산화 철 입자를 자성에 의해 선별적으로 걸러내고, 이를 파지가 잘 자라는 조건에서 배양하면 군체를 형성하며 자라게 된다. 결과적으로 파지의 군체 개수를 셈으로써 초기 miRNA의 양을 측정할 수 있다. 이 방법을 통해 세 시간 이내로 대상 물질을 3 aM까지 측정이 가능하다.

높은 민감도로 대상 miRNA를 검출하기 위해서 전기화학적 방법을 이용하기도 한다. 전기화학적 방법의 기본 원리는 바로 산화 환원 반응이다[그레고리 드러몬드(T. Gregory Drummond)와 동료들, Nature Biotechnology(2003년)]. 대상 miRNA와 검지부의 상호 작용으로부터 산화 환원 반응을 유도하고, 이 반응 정도는 전극으로 측정할 수 있다. 전기화학적 검출 방식은 전기화학적 상태를 감지하는 메커니즘에 따라 전류계 센서(Electrochemical sensor), 전압계 센서(Amperometric sensor) 및 전기화학적 임피던스 스펙트럼 센서(Electrochemical impedance spectroscopy sensor)로 분류된다[유르겐 헤인즈(Jürgen Heinze), Angew. Chem. Int. Ed.(1984년)]. 감지된 신호들을 통해 대상 물질 농도로 얻어내기 위해서는 표준 곡선을 그린 뒤, 실제 농도로 환산하는 작업을 거쳐야 한다. 일반적으로 전극은 반응 용액으로부터 전기화학적 변화를 용이하게 감지할 수 있도록 금, 그래핀, 탄소 등 다양한 물질로 제작된다[유카이 양(Yucai Yang)와 동료들, ACS Applied Materials & Interfaces(2014년), 웨이 르브(Wei Lv)와 동료들, Journal of Materials Chemistry(2010년)]. 또한 대상 물질의 효과적인 검출을 위해, 검지체의 염기 서열을 전극에 부착하여 사용하는 것이 일반적이다.

앞서 말한 FRET과 전기화학적 방법은 원하는 물질을 검출해 내기 위해서 검출 시스템 구축이 필요하다. 즉, FRET의 경우 형광을 측정하는 장비가, 전기화학법은 전극과 전압, 전류 등의 측정 장비가 필수적이다. 따라서 장비에 추가적인 비용이 발생하고, 즉각적인 검출 유무를 확인하기 어렵다는 한계가 있다. 이

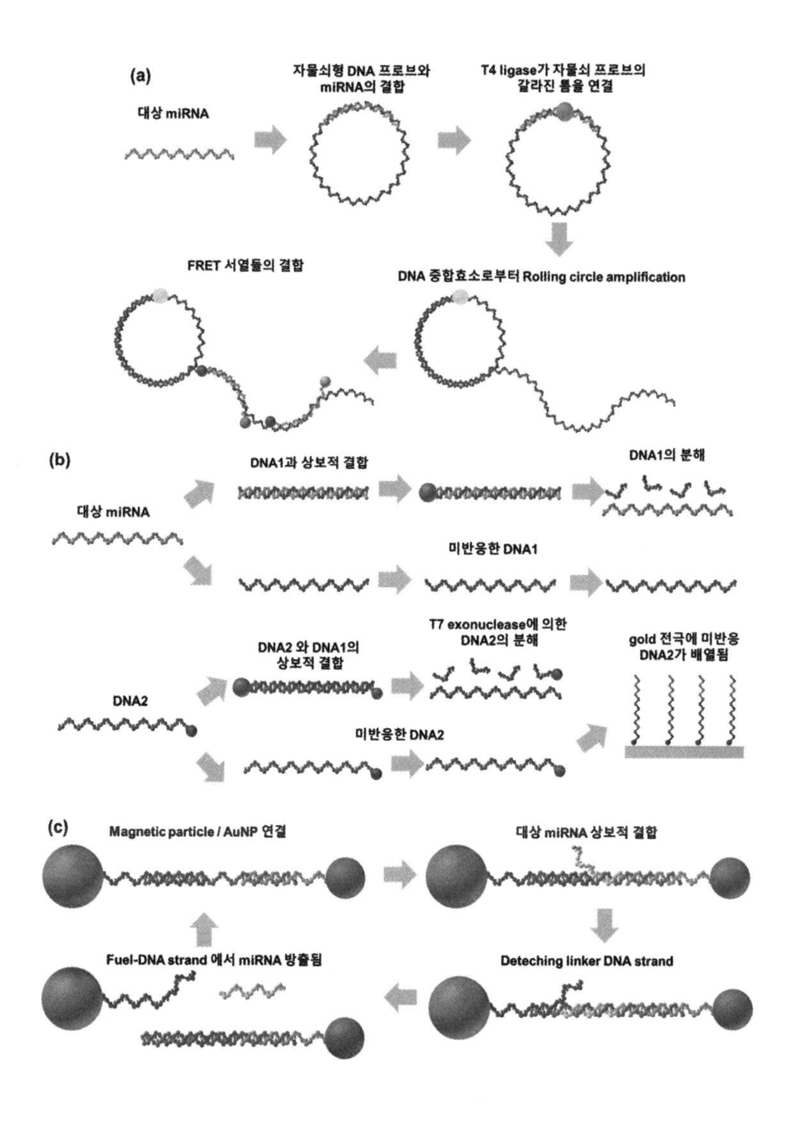

그림. 15 신호 증폭과 miRNA 검출 방법의 결합의 예들

대안으로 맨눈으로 색의 변화를 관찰하는 '비색법'이 개발되었다. 기본적으로 비색법을 사용하기 위해서는 변화가 색으로 표현되는 반응을 찾아내는 것이 중요하다. 색깔의 변화를 맨눈으로 확인할 수 있는 대표적인 반응에는 나노 물질의 광학적 특성 변화와 특정 화학 물질들의 산화가 있다[미쉘 라일르(Mitchell Lyle), Limnology & Oceanography(1983년)]. 이 방법은 비록 FRET이나 전기화학적 방법에 비해서는 대상 물질의 민감도가 낮지만, 상업적으로 접근하기 쉽고, 기타 측정 장비가 필요하지 않는 높은 편의성으로 꾸준히 연구되고 있다.

검출하고자 하는 대상 물질을 선정한 후 검출해 내는 방법을 개발함에 있어 시스템의 민감성과 특이성은 큰 화두이다. 바이오마커를 이용하여 암이나 종양을 진단하기 위해서는 정상 상태와 구분이 가능할 정도의 충분한 신호가 필요하기 때문이다. 특히, 바이오마커의 종류에 따라 그 양이 충분하지 못한 경우가 빈번한데, 이를 극복하기 위해서 기존의 검출 방식들(형광 증폭, 전기 신호 전달, 비색법 등)을 조합하는 여러 연구들이 진행되고 있다.

효소를 이용한 신호 증폭과 FRET 기술의 혼용(효소를 이용한 신호 증폭 + FRET)의 경우, 효소를 이용하여 대상 물질을 증폭하고 이를 FRET으로 검출해 낼 수 있다. 효소를 이용한 신호 증폭 + 전기화학적 방법의 혼용의 경우, 효소를 이용한 시그널 증폭 방법은 전기화학 방식과도 결합이 가능하다. 염기 서열 교환 반응 + 비색법의 혼용의 경우, '토홀드(toehold)를 이용한 염기 서열 교환 반응'(Toehold-mediated DNA strand displacement reaction)은 신호를 증폭하는 데 요긴하게 쓰일 수 있는 반응이다. 이 반응은 주형이 되는 서열과 더 강하게 이중결합을 형성하려고 하는 힘에 의해서 원래 붙어 있었던 염기 서열을 떼어내고 더 강한 서열로 치환되는 교환 현상을 이용하는 것이다.

또한, 슈리 우Xuri Wu와 그의 연구팀에서는 회전환 증폭(Rolling circle amplification) 방법을 활용하여 miRNA를 검출하는 데 성공하였다[그림. 15(a) 참조, 소힐라 자드란(Sohila Zadran)과 동료들, RNA&DISEASE(2016년)]. 연구팀은 효과적인 시그널의 증폭을 위해 자물쇠형 검지체(프로브)를 제작하였다. 자물쇠형 프로브는 대상 miRNA에 상보적인 서열과 FRET 형광이 표지된 프로브 두 개에 상보적이게 디자인되었다. 먼저 대상 miRNA가 자물쇠 구조의 프로브를 반응시켜 이중결합을 형성하도록 한 후, T4 핵산 접합효소(T4 DNA ligase)를 이용하여 둥근 DNA 프로브를 최종 형성하였다. 둥근 핵산 프로브에 핵산 중합효소가 결합하여 반복적인 핵산 체인을 형성하고, 길게 형성된 체인에 FRET 프로브가 결합되며 FRET 시그널이 증폭되는 것이다. 이 방법을 통해 연구팀은 103 aM의 샘플 농도까지 검출하는 것이 가능함을 증명하였다.

시앙셍 장Xiansheng Zhang과 그의 연구팀은 효소 증폭을 이용하여 대상 miRNA의 검출 민감도를 높였으며, 이를 전기화학적 방식으로 측정해냈다[그림. 15(b) 참조, 빙첸 리(Bingchen Li)와 동료들, Biosensors and Bioelectronics(2016년)]. 연구진들의 시스템은 두 가지의 증폭 사이클과 템플릿으로 사용되는 DNA1, miRNA 서열과 이어지면서 DNA1의 일부와 상보적으로 결합하는 DNA2, 그리고 싸이올기가 있어 금 전극에 실질적으로 신호를 보내는 역할을 하는 DNA3를 통해 이를 구현하였다.

첫 번째 사이클에서 miRNA와 DNA2는 DNA1과 결합한 뒤, T4 RNA 접합효소 2에 의해 서로 연결된다. T7 엑소뉴클레아제(T7 exonuclease)에 의해 DNA1은 분해된다. 두 번째 사이클에서는 DNA1과 DNA3가 결합하게 되고, T7 엑소뉴클레아제에 의해 DNA3가 분해된다. 결국 대상으로 하는 miRNA가 많을 때는 DNA1이 분해되어 DNA3가 많이 남게 되고, 큰 전기화학적 변화를 일으킨다. 이 방법으로 위암 환자의 혈액 샘플에서 0.36 fM까지 대상 물질을 검출할 수 있었다.

모토이 오이시Motoi Oishi 연구팀에서는 이 토홀드 매개의 염기 서열 교환 반응과 금 나노 입자를 통해 대상 miRNA가 검출되는 것을 색으로 표현하였다[그림. 15(c)참조, 모토이 오이시와 동료들,

Small(2016년)]. 금 나노 입자는 잘 알려진 색깔 변화를 일으키는 나노 물질로서 용액에 분산되어 있을 경우에는 표면 플라즈만 공명(Surface plasmon resonance)에 의해 붉은 색을 띈다.

하지만, 금 나노 입자를 둘러싼 표면 전하들의 안정성이 파괴되면, 응집되어 큰 입자가 되고 파란색으로 변한다. 금 나노 입자를 용액으로부터 분리 또는 제거하는 경우에는 붉은색에서 투명한 색으로 변화를 보인다. 이러한 특징을 이용하기 위해 우선 연구팀은 금 나노 입자와 산화 철 입자를 만들고, 각각의 입자에 서로 다른 단일 가닥 염기 서열을 부착시켰다. 부착된 서열은 하나의 기판에 다른 방향으로 상보적 결합을 하면서 두 입자를 연결시킨다. 산화 철 입자는 자성에 반응하므로 자석을 이용해 한쪽으로 입자들을 모아두면 용액은 투명한 색을 띈다. 그 후 대상 miRNA와 연료 서열을 사용해 염기 서열 교환 반응을 유도한다.

결과적으로 대상하는 miRNA가 있으면, 금 나노 입자에 부착된 염기 서열이 기판에서 떨어져 나와 용액의 색이 붉어진다. 이 변화들은 눈으로 확인이 가능하며 5 pM의 검출 한계를 보였다. 또한 용해된 세포에 들어 있는 대상 miRNA까지도 검출 가능한 것으로 보고되었다.

실시간 다종 유전언어 동시 읽기

복잡하고 전문화된 그러나 PCR에 오류가 많은 현재의 유전자 검사 방법을 지양하고, PCR 없이 동시다발로 특정 유전자 조합을 실시간으로 판별하는 진단이 차세대 염기 서열 분석에서 필수적으로 지향되고 있다. 이에 저자의 연구팀은 물론 세계적인 연구 그룹들이 다중 진단 실시간 유전자 검사법을 개발하고 있는 중이다.

특히 앞서 본 예와 같이 암세포 내 유전언어 읽기가 주요한 기술적용 모형으로 선호되고 있다. 정상 세포가 암세포화 되는 과정에서 가장 큰 원인은 세포 내 유전 정보가 발현되는 과정에서 발생하는 이상으로 잘 알려져 있다. 이러한 유전자 발현 이상은 점진적으로 누적되며 암 발생 과정과 전이 및 암 진행 전반에 큰 영향을 미친다. 암 확진을 위해 생체 내에서 발췌된 부위에 따라 감염 여부의 판단에 오진이 문제시되고, 세계적으로 종양 내 이질성(Tumor heterogeneity) 문제는 암 치료에 가장 큰 걸림돌이 되고 있다.

최근 암 발생의 주원인인 전사 후 단계에서 마이크로 RNA가 중요한 역할을 하고 있음이 보고되고 있다. 암 지문 유전자인 마이크로 RNA의 비정상적인 발현은 암 종 및 암세포 진행 단계에 따라 매우 특이하다. 이를 통한 암 진단과 예후는 기존 방식에 비해 높은 정확성을 보인다. 그래서 마이크로 RNA 군을 동시에 인식하고 판별하는 암 진단은 큰 잠재력을 갖고 있다. 기존 치료법과 병용하면 새로운 암 치료 개발에서 그 잠재력이 크다.

저자의 연구팀은 이에 자극되어서 왕게 집게를 닮은 형광 DNA 생체 고분자 물질을 새롭게 디자인 합성하고, 암세포 특정 지문 유전자인 마이크로 RNA들과 선택적으로 반응할 수 있게 하였다. 암 질환 내에서 특이적인 마이크로 RNA가 존재하는 상황에서 이들을 동시다발적으로 판독할 수 있게 만들었다. 또한 첨단 나노 기술을 이용해 입자 형태로 제작된 암 진단 시스템 표면에 세포막 투과가 잘 되도록 지질막을 코팅하여 실제 임상에서도 사용할 수 있게 했다. 획기적으로 단축된 검진 시간과 높은 진단 정밀도는 물론, 심각한 종양 내 이질성에 따른 오진을 극복할 수 있는 기술이다. 실제 임상에 적용됐을 때, 암 환자에게 빠르고 적합한 처치를 가능하게 하고 맞춤형 치료제 선정에 큰 기여를 할 것이다.

인간 게놈 프로젝트를 시작으로 전체 인간 유전자 지도를 완성한 이래로, (암을 포함한) 여러 질환을 효과적으로 진단하기 위한 시도가 지속적으로 발전되고 있다. 단기간 끊임없는 연구 노력에도 불구하고, 아직까지는 조직검사나 단층촬영 등의 기존 방식들이 임상에서 여전히 선호되고 있고, miRNA를 활용한 분자 진단은 그 우수성에도 불구하고 그 일부에 지나지 않는다. 그럼에도 불구하고, NGS를 액체 생검과 결합하여 임상에 직접 적용하려는 끊임없는 노력과 NGS를 넘어서는 3세대 염기 서열 분석법 개발, 이와 경쟁적으로 보다 간편하고 빠르게 짧은 염기 서열화나 증폭 단계 등의 추가 과정 없이 대상 유전체 물질(여기서 miRNA 등)의 형광, 전기화학 등의 첨단 공학 방식을 활용한 검지 기술의 개발이 활발히 진행되고 있다.

게놈 분석의 달인이라고 칭송받는 크레이그 벤터는 1995년 〈사이언스〉 논문에서 유전언어를 읽어야 하는 이유에 대하여 명쾌한 답을 제안하였다. 벤터가 인간 게놈 분석을 성공하기 전에 시도한 첫 박테리아, 헤모필루스 인플루엔자(Haemophilus influenzae)의 전체 게놈 분석과 그 박테리아의 주변 동료들 간의 유전언어 DNA 교환은 그들의 진화 과정 촉진에 대해서 잘 설명하고 있다. 논문에 대한 평가에서 벤터는, "이는 게놈에 소프트웨어 업데이트를 설치하는 것에 비유할 수 있다"고 말하며 게놈 분석에는 분석 이상의 것이 있다고 주장하였다.

당시에 그는 동료인 해밀턴 스미스Hamilton Smith가 아홉 개의 염기쌍으로 이루어진 독특한 서열이 이러한 행동에 대한 메커니즘의 핵심이라는 것을 발견하였다고 강조하였다. 이 서열 사본 1,465개가 유전부호의 여기저기에 흩어져 있고, 박테리아 표면의 분자가 이 염기 서열과 결합하여 세포 속으로 DNA를 전달한다고 말했다. 이는 세포 간은 물론 종간 유전자의 전달이 목격되는 최초의 순간이었다.

많은 종의 게놈 분석에 성공한 현재는 이와 같은 현상이 매우 일상적이다. 심지어 정밀한 게놈 분석으로 인간 유전자 중 10퍼센트는 외부 바이러스로부터 유래한다는 과학적인 보고가 발표되었다. 더구나 2016년 8월 4일자 〈사이언스〉에 미국 유타대 의대 연구팀이 발표한 연구 결과는 흥미를 끌기에 충분하다.

그들은 인간 유전자에 오랫동안 유입된 내성 바이러스 유산들이 바이러스를 포함한 각종 병원체를 방어하는 인체의 고유 면역체계의 구성요소로 전환되어 조절 유전자로서 핵심적인 역할을 수행하고 있다고 주장한다. 더불어, 이들 고대 바이러스 유입 현상은 인간뿐 아니라 여러 종들 간에 광범위하게 퍼져 있어서 이들의 고유 면역반응의 기반을 구축한다고 전하고 있다. 오랜 기간 동안 (누구는 지금도 열심히 근거 없이 맹목적인 비난을 하지만) 유전언어 읽기의 노력의 결실로 인하여 유전체의 과학적 분석을 통한, 종간 유전언어의 대화(소통)가 분명하게 증명되는 순간을 맞이하고 있다.

소통의 효율: 내부의 외부 언어로 전환

지금까지 우리는 외부 언어와 내부 언어에서 시작해 내부 언어의 내밀한 부위까지 상세히 살펴보았다. 지금까지 이 책을 읽은 독자는 어느 누구도 영화 《인사이드 아웃》에 나오는 작고 귀여운 요정들이 우리 몸속을 매일같이 돌아다니며 우리의 일상을 조정하고 있다고는 생각하지 않을 것이다. 내부 유전언어의 깊은 울림을 이해하면 할수록 우리가 일상적으로 경험하는 수많은 (언어 표현을 포함하는) 외부 현상들이 잘 파악되고, 결국 유익한 방향으로 이끌어 질 수 있다는 사실을 깨닫고 있기를 간절히 희망한다. 이와 같은 사실은 우리의 결과적 행위에 대해서, 규칙과 결과를 보고 일반적인지 특수한 경우인지를 결론지을 수 있는 퍼스Peirce의 가추법[18] 과정을 충실히 따라야만 얻을 수 있는 매우 소중한 결론일 것이다.

여기서 나는 이것이 퍼스의 주장에 영감을 얻어서, 수소 분광의 실험 결과를 가진 닐스 보어Niels Bohr(덴마크 물리학자)가 메꿔지지 않는 논리의 공백을 (퍼스의 방법을 따른) 그의 추론 과정을 거쳐서 새롭게 해석해 낸 것과 같은 또 하나의 훌륭한 예로 취급받는 영광까지를 기대하지 않는다. 그러나 현 인류의 미래를 위해서는 내부와 외부 언어 간의 소통의 가능성이 필요하다는 생각은 우리 모두가 공유할 만한 중요한 가치의 주제인 것만은 분명하다. 전체 과정을 이해하며 논리를 확증하고 보니, 이 시점에서 부분들 간에 비어 있는 소통의 단절에 따른 외부와 고립된 매우 특수한 경우들에 대해서 살펴볼 필요성을 느끼게 된다. 우선, 앞서 살펴본 감기로 인하여 온몸에 일어나는 발열 과정을 둘 사이(내부-외부)의 긴밀한 관점의 주요한 예로 상기시키고 싶다. 이 장에서는 소통의 효율을 논의하게 될 것이다.

이전에 발열 과정에 대한 내부와 외부의 긴밀한 소통에 대해서 유전언어의 관점으로 자세히 살펴보았다. 이번엔 '소통의

18 기호학자 퍼스는 논리적 결론을 도출하기 위한 방식으로 경우와 결과를 보고 규칙을 도출하는 것(귀납법), 규칙과 경우에서 결과를 도출하는 것(연역법) 그리고 규칙과 결과를 보고 경우를 도출하는 것(가추법)을 정의한다.

단절'에 관한 구체적인 예를 함께 고민해 보도록 하자. 사실 이는 이 책이 탄생하게 된 배경이 된 부분이므로 개인적으로도 여러 가지 만감이 교차한다. 인간의 인식은 깨우침, 인식, 추론, 그리고 판단과 같은 앎의 정신적 과정이라고 정의할 수 있다. 이는 내부의 깊고 복잡한 울림이 외부로 정리되어 분명하게 표현되는 가장 좋은 예이다. 이의 단절은 때론 심각한 정신 장애로 나타난다. 가장 대표적인 예는 '자폐증'이다.

보통 아이가 태어난 후, 6주 내에 얼굴에 미소를 띠고 부모의 얼굴을 따라가며, 6달이 되면 앉고 장난감을 옮기는 등 근육 조절을 하게 된다. 생후 12~15달이 지나면 걷고 말을 하게 된다. 이때 아이는 가장놀이(Make-believe play)를 이해하기 시작하면서 점차 정신적으로 발달하게 된다. 아이는 정신 상태를 묘사하기 위하여 동사를 사용하고 복잡한 행위들을 적절하게 모방하게 된다. 이에 관한 장애의 예를 살펴보자.

미국에서 태어난 알렉스라는 아이는 태어나서 9개월까지 정상 아이와 같이 웃으며 눈을 마주치고 상호작용 놀이를 하며 즐거워했다. 그가 10개월이 되었을 때, 바퀴에 비정상적인 집착을 보였다. 그러나 13개월까지는 말도 잘하고 사회성도 또래와 같았다. 15~18개월 사이의 시점에서, 알렉스는 행동이나 말로 대화하려는 노력을 멈추고 사회적인 상호작용에 흥미를 느끼지 못했다. 점차 타일 선이나 장난감 자동차 바퀴에 엄청난 집착을 나타냈다. 아픔을 느끼지 못하고 열에 민감한 반응을 보였다. 계속해서 손뼉을 치고 피부를 꼬집는 행동을 반복하였다. 결국 알렉스는 자폐로 진단받았고, 점차 좋아져서 현재는 또래 아이들처럼 눈을 마주치고 가족과 친구들을 대하지만, 언어 기술 능력이 비슷하지는 않다. 현재 의료 통계학적으로 우리나라의 취학 아동 38명 중 1명이 자폐증 진단을 받는데, 애석하게도 많은 아이들이 알렉스와 같은 자폐 정신 장애로 판단된다.

위키백과에 따르면, 자폐증(Autism)은 의사소통과 사회적 상호작용 이해 능력에 저하를 일으키는 신경 발달 장애로 정의되고 있다. 그리스어로 '자신'을 뜻하는 'αυτος(autos)'에서 유래되어, 정신과 의사인 오이겐 블로일러Eugen Bleuler가 1912년 〈미국 정신 이상〉에 게재한 글에서 그 용어가 처음 쓰였다고 한다. 미국 존스홉킨스 의과대학의 리오 카너에 의해서 그 병명이 명확히 분류되었으며, 현재는 '자폐 스펙트럼 장애(Autism spectrum disorder: ASD)'로 확대되어 다양한 정신 장애 그룹들로 나뉘어 분류되고 있다.

의료 통계에 따라서 그 발생 빈도가 점차 증가함에 따라 많은 연구가 진행되고 있는데, 이는 내부의 유전언어와 외부와의 소통의 문제라는 공통적인 인식이 일반적이다. 자폐증에 대한 유전 기반의 해석도 활발히 연구되고 있다. 최근에 많은 유전 변이들과 이들의 상관관계에 대한 연구들이 끊임없이 발표되고 있는 실정이다. 그러나 많은 정신 질환과 같이 이는 수십만 개의 유전자들[19]과 그 변이들의 동시다발적 발현에 의해서 좌우된다는 보고가 지배적이다.

1943년 레오 케너Leo Kanner는 자폐증이 자녀에게 애착을 갖지 못하는 냉혈한 어머니의 성격과 교육환경 때문에 발생한다고 주장하였다. 과학 기술 발달과 더불어 단순한 애착 장애가 아님이 밝혀졌고, 최근에는 단일 인자로 인한 질환이 아닌 그 성향이 매우 다양한 스펙트럼 장애[20]로서 복잡한 유전적 인자들이 관여한다고 알려져 있다. 자폐 유전인자와 관련된 몇몇 분자 결함들이 신경망의 시냅스 단백질 합성의 기작(Mechanism)들을 방해하여 자폐 질환이 발생한다는 가장 최근의 연구 결과가 있다. 이런 비정상적인 단백질 합성은 인지 손상과 특정 분야에 뛰어난 재능을 가진 정신 장애 능력을 포함하는 자폐 표현형들에 대한 한 가지

---

19 450개 이상 다른 유전자들의 변이들이 자폐 장애와 같은 지적 장애와 이와 관련된 인지 장애에 관련된다.

20 최근 DSM-V에 따르면, 자폐 장애, 전반적 발달 장애(PDD-NOS), 아스퍼거 증후군 등을 모두 포함하여 자폐 스펙트럼 장애라고 불린다. 일반적 특징들은 사회성 장애, 언어와 소통 장애, 그리고 흥미와 행동의 한정된 범위 등이다.

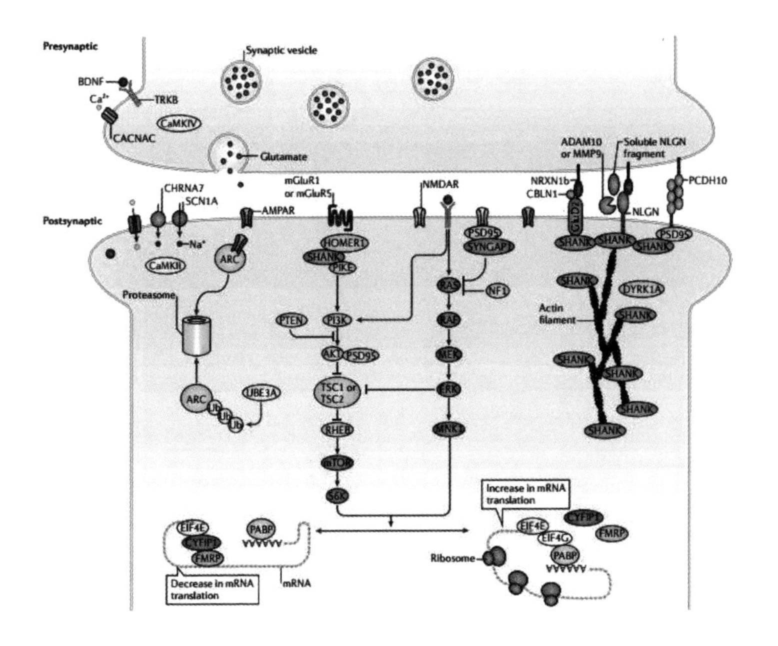

그림. 16 자폐 스펙트럼 장애와 관련된 주요한 시냅스 기능들. ADAM10, a disintegrin and metalloproteinase domain-containing protein 10; CaMK, calcium/calmodulin-dependent kinase; CHRNA7, neuronal acetylcholine receptor subunit α7; DYRK1A, dual specificity tyrosine-phosphorylation-regulated kinase 1A; ERK, extracellular signal-regulated kinase; MEK, MAPK/ERK kinase; MMP9, matrix metalloproteinase9; MNK1, MAPK siganl-integrating kinase 1(또한 MKNK1으로 알려짐); PABP, poly(A)-binding protein; PCDH10, protocadherin 10; PIKE, PI3K enhancer(또한 AGAP2로 알려짐); RHEB, RAS homologue enriched in brain; S6K, S6 kinase; SYNGAP1, synaptic RAS GTPase-activating protein1; TRKB, tropomyosin-related kinase B. [출처: 토마스 부르제론, Nature Reviews Neuroscience (2015년)]

그럴듯한 가능한 경로일 뿐이라는 결론이다. 이에 대해서 그림. 16에서 토마스 부르제론Thomas Bourgeron은 다음과 같은 주장을 한다.

라파마이신의 포유류 대상표적(mTOR) 시그널 경로는 세포 성장의 주요한 규제 운영자이고, 이 경로는 이노시톨 인지질 3-키나아제(PI3K) 경로의 순차적인 키나아제 연속 반응의 아래 흐름들에 의해서 활성화된다. 통제가 풀린 mTOR 시그널은 신경섬유(NF1), 결정 경화1(TSC1), TSC2 혹은 포스파타아제와 텐신 동족체(PTEN)를 가진 환자들에서 자폐증의 위험도를 증가시킨다. NF1, TSC1, TSC2 그리고 PTEN은 mTOR의 부정적인 작동체들로서 행동한다. NF1 혹은 PTEN에서 변이들은 mTOR 활성을 증감시키고 mRNA 번역을 증가시킨다. mTOR 경로는 신경 활성 혹은 뇌 신경세포 생육 촉진인자(The Secretion of Brain-derived Neurotrophic Factor: BDNF)에 의해서 통제된다.

미성숙 취약 X염색체 정신발육 지연 단백질(FMRP)-진행세포 번역 초기생성 4E(EIF4E)-세포질의 FMRP 상호작용하는 단백질1(CYFIP1) 복합체는 시냅스에서 mRNA의 번역을 조절하고 대사성 글루탐산염 수용체 1(mGluR1), mGluR5 혹은 BNDF 시그널 경로들을 통한 신경 활성에 의해서 통제된다. 신경들이 활성화될 때, CYFIP1은 EIF4E로부터 떨어져 나와서 지엽적인 시냅스 단백질 합성과 액틴 세포골격을 리모델링한다. 구아노신 뉴클레오티드 결합단백질들과 액틴 세포골격 역학들을 규제하는 많은 단백질들은 지적 장애(ID)와 자폐 스펙트럼 장애들(ASD)과 관련된다. 신경 활성은 근세포 특이적인 증진 인자2(MEF2) 경로를 통한 유비퀴틴(Ub) 단백질 리가아제 E3A(UBE3A) 전사를 증가시키고 활성-통제된 세포골격 관련된 단백질(ARC), AMPA의 수용체들(AMPARs)의 내재화를 촉진하는 시냅스 단백질의 분해를 통제하여 흥분 연접 발달을 규제한다. 글루탄산염 시그널 구성품들(예를 들어, 글루탄산염 수용체 ionotropic, NMDA 2B[GluN2B]), 세포 접합 분자들(예를 들어, 뉴렉신들[NRXNs]과 뉴로리긴들[NLGNs]) 그리고 발판 단백질들(예를 들어, SH3와 다중 안키린 반복 도메인들 단백질들[SHANKs]과 Disks 큰 동종체 관련한 단백질[DLGAP])에 영향을 주는 변이들은 자폐 스펙트럼 장애에서 드러난다. 신경 활성 혹은 NRXN1B와 결합은 NLGN의 용액상 세포 밖 조각이 방출된다. SHANK은 글루탄산염 수용체들과 액틴 관련된 단백질들과 상호작용으로 큰 분자 플랫폼들로 발전한다. 전압 의존성 칼슘 채널 서브유닛 α 1C(CACNA1C)와 나트륨 채널 단백질 형1 서브유닛-α(SCN1A)과 같은 이온 채널들에서 변이들은 드라베 증후군(영아기 중증 근간대성 간질)을 가진 환자들에게서 간질의 위험성을 몹시 증가시킨다. 기능들이 주어질 때, 이 단백질들은 시냅스 생체 항상성의 과정에 참여할 수 있다[표. 4 참조].

단백질	기능역할	질환관련	질환관련성에 대한 증거	가지돌기가시 형태발생에서 역할	가시 영향력에 대한 증거
Neuroligin-3	시냅스 후부의 접착 단백질	ASD	드문 변이들	↑가시 밀도	세포 배양
Neuroligin-4	시냅스 후부의 접착 단백질	ASD	드문 변이들	↑가시 밀도	세포 배양
Neurexin1	시냅스 전부의 접착 단백질	ASD	드문 변이들	↑가시 밀도	형질전환한 쥐
Shank3	시냅스 후부의 골격	ASD	드문 변이들	↑가시 밀도	세포 배양
Shank2	시냅스 후부의 골격	ASD	드문 변이들	↑가시 크기	세포 배양
Epac2	Rap GEF	ASD	드문 변이들	↓가시 크기와 안정성	세포 배양
FMRP	단백질 합성의 규제운영	ASD 동반 (취약X염색체 증후군)	삼뉴클레이티드 반복 유도된 유전자 발현 억제	↑가시 밀도	형질전환한 쥐
MeCP2	전사인자	ASD 동반 (Rett 증후군)	변이들	↑시냅스 밀도 ↑가시 길이 ↓가시 폭	형질전환한 쥐; 세포 배양
Ube3A	E3 유비퀴틴 리가아제	ASD 동반	염색체 중복	↓가시 밀도와 길이	형질전환한 쥐; 세포 배양
TSC1	암 억제 단백질	ASD 동반	변이들	↓가시 크기와 ↑밀도	세포 배양
TSC2	암 억제 단백질	ASD 동반	변이들	↓가시 크기와 ↑밀도	세포 배양
PTEN	타이로신 포스파타아제	ASD 동반	변이들	↓가시 밀도	세포 배양

표. 4 자폐 스펙트럼 장애(ASD)에 민감한 후보자 그룹들

최근에 자폐증 등 중증 정신 장애와 관련된 흥미로운 연구들 중에 하나는 점차 축적되는 유전체 데이터베이스에 기반을 두고 '정신 질환과 환경·사회적 영향들 간의 상관성'은 물론, 정신 장애의 밑그림을 그리기 위한 현생 인류의 진화적인 계보와 연결된 과거 인류인 '네안데르탈인의 유전자 해석'에 관한 연구이다. 2017년 10월 플로리다 주 올랜도에서 개최된 미국 인간유전학회(American Society of Human Genetics: ASHG)에서, 조현병(Schizophrenia)의 정신 장애로부터 인간을 보호하기 위한 유전자적 변이가 이의 진화 과정 동안 활발하게 발생했을지 모른다는 흥미로운 보고가 있었다. 스탠포드대학의 예어 필드와 조나단 프릿차드 박사의 주도로 진행된 이번 연구에서, 2,000년 동안의 수십만 개의 인간 유전체를 통계 분석한 결과를 통한 보고가 있었다[예어 필드(Yair Field)와 동료들, Science(2016년)].

한편, 예일대학교의 레나토 폴리만티Renato Polimanti 박사 연구팀은 유럽 23개 지역의 2,455개의 유전자 샘플링을 통하여 개인의 정신 장애와 환경 요인 간의 상관성을 면밀히 평가하여 '환경 요인들의 인간 형질 선택과의 관련성'에 대한 주요 가설을 검증하였다. 결론적으로 그는 겨울철 기온이 낮은 유럽 지역의 주민들은 조현병에 걸릴 유전적 성향이 높은 것을 발견하였다. 이러한 연구 결과는 말라리아에 뛰어난 저항성을 가진 아프리카 인들에게 흔한 '낫 모양 적혈구'의 진화 과정을 상기시킨다. 추위에 견디는 데 도움이 되는 유전자가 조현병이 자주 창궐하는 지역에 우연히 가까운 지역에 존재하고 있다면, 이들은 지리적일 뿐 아니라 내부의 지역적인 친근성을 함께 갖고 진화할 수 있게 되었을 것이라는 가설이다.

간단하게 유전과 환경의 상관성을 직설적으로 주장하는 것은 실제로 구분하여 가려낼 수 없는 매우 어려운 일이며 그래서 위험하다. 생각해 보면, 유전자보다 우리의 주변 환경이 상대적으로 더 빠르게 급변할 수 있기 때문에 이는 자명하다. 미국 밴더빌트대학의 토니 카프라Tony Carpra와 로라 콜브란Laura Colbran 박사는 보다 근원적으로 네안데르탈인과 현대인이 가진 조직의 유전자 활성의 차이점을 비교한다. 언어와 관련된 'FOXP2 유전자'(2002년 언어 유전자로 불린 폭스피투 유전자)의 비교에서, 두 인류 종들은 생체 조직에서 같은 염기 서열을 공유[요하네스 클라우스(Johannes Krause)와 동료들, Current Biology(2007년)]하지만, 특별히 뇌 부분에서 현생 인류는 FOXP2 단백질을 더 많이 가지고 있다고 관찰된다고 보고한다[존 카프라(John A. Capra)와 동료들, ASHG(2017년)].

사실 환경의 영향력을 무시하는 것은 아니지만 앞서 주장된 가설들만 들어 보면 유전자 기반의 해석이 매우 농후하다. 그러나 역시 환경의 지배 하에서 살아가고 있는 우리 인류에게 환경의 영향력을 무시하는 것은 불가능한 것처럼 보인다. 그래서 유전학자 리처드 도킨스Richard Dawkins은 유전자 이외에도 '밈(Meme)'이라는 존재를 창조하여 둘 간의 조화로 인간 본질을 잘 설명하고 있는지 모르겠다. 그의 책들이 오랫동안 베스트셀러로 서점가를 휩쓰는 것을 보면 적어도 그렇다. 부분들 간에 비어 있는 소통의 단절에 따른 외부와 고립된 특수한 경우들에 대해서 고찰해 보면서 더더욱 내부(유전) 언어와 외부 언어 간의 소통의 존재를 확신하게 된다. 물론 (이번 책에서는 자세히 다루지 않는) 환경[21]의 영향력도 무시할 수 없다. 그렇다면 소통이 0인 상태에서 최대 상태인 100으로 스케일 업[22] 하려면 우리는 미래에 과연 무엇을 해야 할까?

---

21 앞서 잠시 기술한 마이크로바이옴의 중요성을 다시금 깨닫게 된다. 최근에야 장내 미생물의 영향력에 대한 고찰이 심화되고 있어서 이번 책에서는 그와 관련 내용을 표현하는 데 있어서 가능한 조심하였다. 그래도 환경의 영향력을 유전자와 함께 깊이 생각해 보아야 한다는 주장에는 전적으로 동의한다.

22 '스케일 업'이라는 영문 표현을 그대로 고수하는 이유는 여기서 주장하는 소통의 성장이 제프리 웨스트(Geoffrey West)가 그의 책, 『스케일: 생물·도시·기업의 성장과 죽음에 관한 보편 법칙』(2018년)에서 설명하는 증가 방식을 따를 것 같기 때문이다.

언제나 이타카를 마음에 품어라
그곳에 도달하는 것이 그대의 운명이니
결코 서두르지는 마라

몇 년 더 걸릴지언정
지긋하게 나이가 들어 그 섬에 이르는 것이 더 나으리
길 위에서 그대는 이미 풍요로워 졌으니
이타카가 그대를 풍요롭게 해주길 기대하지 마라

이타카는 그대에게 아름다운 여행을 선사했고
이타카가 없었다면 여정은 시작되지도 않았으니
이제 이타카는 그대에게 줄 것이 하나도 없구나

설령 그 땅이 불모지라 해도
이타카는 그대를 속이지 않았고
그대는 길 위에서 현자가 되었으니
마침내 이타카의 가르침을 이해하리라

- 콘스탄티노스 카바피(1863-1933),
그리스 시인의 '이타카(오디세우스의 고향)' 〈헌시〉 중

4부

미래

역전사 효소 그리고 인공 바이러스

외부의 소통 혹은 침투

내부에서 들려오는 소리들이 느껴져 안과 밖이 서로 더욱 친밀하게 정보를 공유할 수 있다는 것을 깨닫는다면, 저자로서는 더할 나위 없이 좋겠다. 왜 우리가 그런 말과 행동으로 서로 부딪히며 살아가는지, 어떻게 하면 더 잘 소통할 수 있는지를 생각해 보는 시간이 드디어 온 것 같다.

마크 트웨인Mark Twain은 "인간은 필요로 하는 것보다 더 많은 좋은 것을 갖고자 하는 욕구를 타고났다"고 부정적으로 말했지만, 여기서 우리가 소통의 효율을 높이고 더 나아가 긍정적인 미래를 위해서 할 수 있는 것은 무엇인가, 즉 잘못된 소통을 수정하려는 등의 노력(변형)을 할 수만 있다면 인간에게 그 욕망은 필수적이 될 것이다.

나는 여기서 알렉산더 A. 보고몰레츠가 말한 인간의 욕망에 대한 사색, 즉, "인간은 욕망을 잃어서는 안 된다. 욕망은 창의성, 사랑, 그리고 장수를 촉진하는 강력한 강장제이다"라는 주장을 열렬히 지지한다. 이 책의 마지막 장은 내부(유전) 언어와 외부 언어 간의 상이한 소통의 효율, 잘못된 소통을 올바르게 교정할 수 있는 미래에 대해서 감히 논의하고자 한다.

이 글의 처음을 영화 《컨택트》로 시작했던 것을 기억하는가? 마지막도 그와 비슷한 주제의 대표 영화로 시작하려고 한다. 최근 국내에 개봉한 비슷한 류의 영화들 중에서, 《컨택트》만큼 국내에선 큰 유명세를 얻지는 못했지만, '소통의 부재'에 대한 글을 준비하면서 가장 먼저 생각났던 영화가 한 편 있다. 이번 글을 준비하기 위해서 준비해둔 많은 자료들을 뒤적이다가 2017년 4월에 개봉한 다니엘 에스피노사Daniel Espinosa 감독의 영화 《라이프》 포스터가 내 눈에 들어왔다. 레베카 퍼거슨Rebecca Fergurson, 제이크 질렌할Jake Gyllenhaa 등 우리에게 매우 익숙한 할리우드 유명 배우들이 다수 출연하며 개봉 전부터 대중의 큰 관심을 받았고, 개봉되자마자 단번에 박스오피스 4위에 오르는 기염을 토했던 영화이다. 주제에 접근하기 위해서 작품에 대한 약간의 스포일링이 필요할 것 같다(이미 본 분들은 괜찮지만, 그렇지 않고 꼬깃꼬깃 위시리스트에 접어둔 분들께는 죄송하다).

지구에서 화성으로 날아온 우주인들이 화성에서 흙을 채취하게 된다. 채취한 흙 속에 미지 생명체가 있었고, 우주인들은 미지의 생명체에 친근감을 표현하기 위해서 '칼빈'이라는 지구인의 이름을 붙여주게 된다. 그리고 다양한 방식으로 그와 소통하기 위해서 열심히 노력한다. 기쁨도 잠시, 이와 조우하려는 인간들에게 칼빈으로 인해 예상 밖 사고들이 연이어 발생하면서 이 조우는 점점 더 악몽이 되어 간다. 영화 말미에 주인공이 미친 듯이 날뛰는 칼빈을 우주선 한쪽의 칸막이벽에 가두어두고 넌지시 바라보며, '너에게 증오가 느껴져……'라고 중얼거리는 장면은 매우 인상적이었다.

비슷한 이야기는 유명한 일본 추리소설가 다카노 가즈아키가 2011년 야심차게 내놓은 장편소설 『제노사이드』에서도 발견할 수 있다. 이 작품에서는 아마존 정글 숲 깊은 곳에서 어느 날 갑자기 태어난 신생 인류의 모습이 그려진다. 이는 현 인류가 전혀 가지고 있지 않는 새로운 유전자를 부여받고 태어난 신인류이다. 인간의 근거 없는 두려움에 신인류에게는 여러 차례 살해 위협이 닥친다. 후반부에 이르면 우리는 어느새 경멸하는 신인류에 대해서 설명할 수 없는 묘한 친근감을 갖게 된다. 현재 인류를 멸종으로 이르게 할 수 있는 심각한 질병에 대한 치료제 개발의 실마리를 새로 태어난 신인류로부터 얻을 수 있다는 것은 현 인류의 기쁨이지만, 한편으로는 모두에게 반드시 죽여야 하는 큰 두려움의 대상이 되고 있었다. 이 존재를 은폐하고자 하는 정부와 그를 끝까지 보호하고자 하는 개인 간의 사투가 매우 인상적인 소설이었다.

바이러스의 침투

모두 소설 같은 이야기들이지만, 우리는 왜 이런 이야기들이 그리 낯설게 느껴지지 않는 것일까? 우리 주변에 흔하게 접할 수 있는 일들이기 때문일까? 우리 몸은 외부 환경에 노출되어 다른 종의 침입에 끊임없이 시달려 왔다. 간단한 예로 기온 변화에 따라 그 모양을 조금씩 바꿔서 해마다 찾아오는 감기 바이러스는

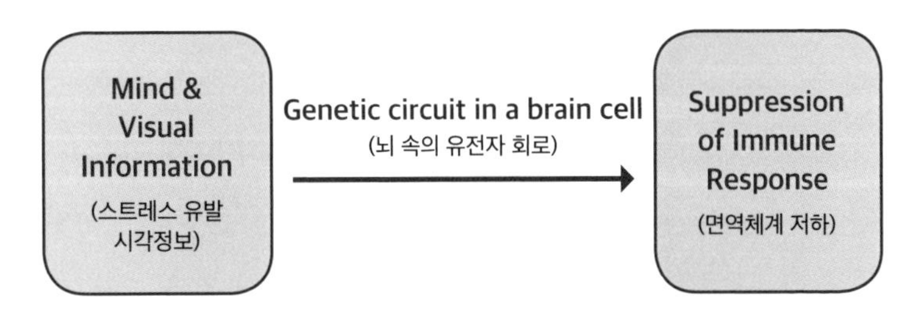

그림. 17 스트레스 유발 시각과 마음 → 뇌 → 10번 염색체 내 CYP17 유전자 회로 작동 → 특정 단백질(코르티솔) 생산 조절 → 스트레스 → 면역체계 저하: 욕구해소, 감정조절이 가능할 때까지 이 과정은 반복된다.

우리가 주변 환경에 흔히 노출되는 매순간마다 이들에 대한 개인별 면역 활성이 달라져서 감염 정도에 큰 차이가 생겨나기 때문에 발생한다. 스트레스로 우리의 면역력(면역 활성)이 떨어지면, 어느 날 갑자기 코를 훌쩍이면서 띵한 머리를 부여잡고 아침에 일어나는 것이 힘들지 모른다. 감염이 심한 경우에는 고열과 잦은 기침으로 정신이 혼미해 질 수도 있다. 감기는 이런 경우를 보여주는 좋은 예이다.

앞서 언급하였지만, 요즘 방송에서는 키우는 개에게 물려 다치거나 죽는 기사를 흔하게 볼 수 있다. 인간의 동반자로 개를 생각하는 세태 문화로 이슈가 되는 것도 있지만 한편으로 광견병의 공포가 잠재하고 있는지도 모른다. 개에 물리는 기사가 요즘에만 있는 일인가 궁금해 오래된 신문 기사들을 뒤적여본 적이 있다. 흥미롭게도 우리나라에서 1950년대에 사람을 무는 개에 관한 기사가 대서특필된 적이 있었다. 지금의 기사 내용과 비슷하지만 지금보다는 광견병 주의에 보다 집중되어 있었다.

광견병 바이러스는 바이러스에 감염된 숙주인 개로부터 전달된다. 이들 바이러스가 숙주 간 이동을 위해서 이상한 행동패턴(예, 끊임없이 물을 갈구하고 결국에 미쳐버린다)을 낳게 하며 빨리 치료하지 않으면 결국에 사망하게 된다. 그 치료법이 제대로 갖추어 있지 않았던 1950년대에는 정부 차원에서 긴밀하게 대응하였다. 요즈음은 그 정도가 심하지 않아서 무시되곤 하지만 최근 기사를 보면 면역력이 약한 사람에게 이는 매우 치명적일 수 있다. 광견병 바이러스는 감염된 개에게 주로 손발을 물리는 순간, 바이러스가 침투하여 척추 선을 타고 뇌로 이동하며 행동패턴을 조절할 수 없게 되면서 심각해지게 된다. 이와 같이 바이러스를 매개로 한 전염성 질환 중에는 가공할 만한, 인간에게 치명적인 피해를 입히는 것들이 많이 있다.

또 다른 예로서 벽돌 모양의 아주 작은 바이러스는 18세기 동안 해마다 50만 명의 목숨을 빼앗아갔다. 이에 감염되면 콩팥이 심하게 손상되고 피부에 물집이 잡혀 고름이 한없이 나와서 결국엔 고통스럽게 죽게 된다. 한때 미국 전역으로 퍼지면서 일대 원주민 인구의 절반을 몰살시켰다. 1967년까지 40개국 이상에서 창궐하여 무려 천만 명이 이 바이러스의 활동으로 죽었다. 이것이 무엇인지 상상할 수 있는가?

아마 현재를 살고 있는 사람들은 대부분 이 존재를 잊어버렸을 수도 있다. 이는 다름 아닌 천연두이다. 1977년 10월 26일 소말리아인 요리사의 죽음을 마지막으로 천연두는 이 세상에서 사려졌다는 사망 선고가 공식적으로 내려졌다. 요리사의 사체는 조지아 애틀랜타의 질병통제센터와 러시아 모스크바의 바이러스 생명공학연구소 내에 안전하게 보관되어 있다. 과연 이는 정말 안전할까?

1918년 전 세계에 퍼져 약 5천만 명의 목숨을 앗아간 유행성 독감은 2005년 알래스카 영구 동토층에 누워 잠들어 있던 여자 사체를 통해서 다시금 부활하였다. 여전히 이 가공할 만한 전염성 매개체로부터 매우 연약한 인간은 여전히 자유롭지 않다. 그들, 즉 바이러스의 언어조차 우리가 이해하지 못하니 말이다. 수 마이크로 크기의 바이러스뿐 아니라, 그보다 더 큰 침입자들과 우리는 소통할 수 있는가? 잠깐, 다시 1부로 돌아간 느낌, 여러분도 그런 생각이 드는가?

소통의 중재, 면역계

보통 우리의 면역계는 오랜 시간 동안 진화하며 외부 침입자들로부터 효과적으로 대항할 수 있는 방어기술들을 훌륭하게 습득하고 있다. 웬만한 능력이 아니면 이 면역계의 뛰어난 자기방어력[23]을 쉽게 뚫을 수 없다. 인간의 면역계는 크게 일차 면역과 이차 면역으로 나누어진다. 외부 환경과 우리를 간단히 구분시키는 피부는 우리의 면역시스템 이전에 갖추어진 천연의 요새(방어선)이다. 물론, 이들 방어선은 눈보라에 뒤덮여 있는 하얀 설원의 풍경처럼 박테리아 층으로 두껍게 덮여 있다. 피부 표면이나 공기 중에 농축되어 있는 박테리아나 바이러스가 운 좋게 일차 방어선을 뚫고 피부 속으로 들어오게 되더라도 대식세포 등으로 대표되는 일차 면역시스템의 작용으로 대부분의 외부 침입자는 곧 죽게 된다. 이마저도 뚫고 들어오는 외부 종들은 보다 현란하고 능숙한 처리 기술 능력을 갖춘 특수한 면역 세포들에 의해서 특별하게 취급된다. 더 나아가 이후에는 재차 내부가 그것에 오염될 수 있는 가능성에 대비할 수 있도록 인체 시스템 내에 기억해둔다.

일부 면역학자들은 우리를 박테리아나 바이러스 감염에 일부 노출될 필요가 있다고 강력하게 주장하고 있다. 최근 연구에서 천식(Asthma)이 이들 자가 면역시스템들의 과도한 자기 방어 능력으로부터 유래할지 모른다는 주장이 강하게 재기되고 있다. 과거와 비교하여 너무나 깨끗한 세상 속에서 살아가는 우리는 면역 세포들의 청소 역할이 남용되는 관계로 이전에는 그냥 지

---

23 아마도 2014년 『면역에 관하여』의 저자 율라비스는 나의 이런 면역시스템을 전쟁용어로 은유하는 것에 상당한 거부감을 느낄 것이다. 인류학자 에밀리 마틴(Emily Martin)은 여러 과학자들이 흔히 면역계를 묘사할 때 전쟁에 빗대는 것에 불만스런 의문을 품고 그들에게 의견을 물어보기도 하였다. 질병을 우리가 싸워야 할 대상으로 보는 관점이 면역계에 갖가지 군사적 은유를 끌어들인다고 결론지었다. 『면역에 관하여』에서 그녀는 병균을 제거하기 위해서 무력 충돌을 벌이는 게 아니라 우리 몸은 균형과 조화를 이루려고 노력한다는 관점에 주목하였다. 그리고 전쟁이 아닌, 교향곡, 태양계, 영구 운동 기계, 어머니의 쉼 없는 경계 태세라는 아름다운 설명도 있다고 덧붙였다.

나칠 수 있었던 오염원들도 놓치지 않고 제거하게 되었다.

결국 자기 내부까지 공격할 수밖에 없는 큰 문제에 노출되게 되었다. 이 문제는 면역 조절 작용의 중추적 역할을 수행하는 Treg(조절 T세포)라고 불리는 세포의 기능 때문이라고 한다. 이를 주장하는 일부 학자들은 건강을 위해서 일부러 외부 침입자들에게 주기적으로 우리 자신을 노출시킬 필요가 있다고 말한다. 치료 백신은 그런 전략을 답습한다. 일부러 박테리아 일부를 건장한 인간에게 노출시켜 의도적으로 기억 면역 세포들이 생체 내에 남아 있도록 만드는 것이다.

조정자

막후에서 이런 모든 화려한 교향곡을 아름답게 울려 퍼지도록 진두지휘하는 것은 리처드 도킨슨이 말하는 대로 유전자(즉, 유전 언어)이다.[24] 이 책에서는 유전자가 발현되는 외부 문화를 이야기

24 리처드 도킨슨은 『이기적 유전자』에서 현대인의 모든 생물학적 진화를 이해하기 위해서 유전자만이 진화의 기초라는 무례한 입장을 단호히 버려야만 한다고 주장한다. 그는 인간의 문화사회를 이해하기 위해서 문화 전달의 단위 또는 모방의 단위 개념으로 유전자와 비슷한 미멤, 즉 밈(Meme)을 창조하고 강조하였다. 인간의 뇌는 밈이 살고 있는 컴퓨터라고 한다.

하고 있으니 당연히 유전자-외부 간의 결합을 인정하고 좀 더 얘기할 필요가 있다는 것은 당연하다. 리처드 도킨슨은 밈과 유전자가 서로를 보강하지만 때로는 대립하기도 한다고 주장한다. 유전자와 뇌 사이의 우호적인 경쟁이 면역체계를 비롯한 여러 생물학적 현상들을 이해하는 데 큰 도움이 될 것이다. 그는 밈은 형체가 없는 정신문화의 전달 부류로 생각하였으니 형체가 구별되는 뇌보다는 뇌, 즉 생각의 발현과 유전자 간의 경쟁이 좋겠다는 주장을 어렴풋이 눈치채고 있다. 그의 주장에 동의하며 우리는 내부 언어와 외부 언어 사이에 뇌의 존재를 분명히 인정하게 된다. 유전언어와 뇌 그리고 외부환경으로 연결되는 단순하지만 복잡한 생명현상은 생명체의 존재(생존)에 대한 보다 깊은 생각을 하게 만든다.

과거로의 추적

이쯤에서 우리는 이렇게 훌륭한 생명이 어떻게 지구상에 출현하게 되었는지가 무척 궁금해진다. 앞서도 잠깐 논의되었지만, 이 시점에서 다시금 다른 각도에서 이를 돌아보자. 46억 년 전[25] 지구가 탄생한 후에 단일 아미노산에서 시작되어 보다 복잡한 원시 생물들이 출현하게 되었다. 대종말이 있기 전에 지구 대기는 갑자기 산소 농도가 급격하게 증가하게 되었고, 이에 적응할 수 있는 생물들만이 생존하여 지구를 지배하게 되었다[마틴 브레이저(Martin Braiser), 『다윈의 잃어버린 세계』(2009년)].

이는 산소를 이용하여 에너지원을 만들어 낼 수 있는 생물과의 현명한 공생 방법을 받아들여서 어렵사리 생존하게 되었다. 현재 많은 학자들이 미토콘드리아라 불리는 진핵세포의 세포 소기관이 이와 같은 두 개의 이질적인 원시 세포들의 공생의 결과라고 결론짓고 있다[닉 레인(Nick Lane), 『바이털 퀘스천』(2015년)]. 과도하게 산소가 많은 환경에서 적응하기 위해서 현재 진핵세포들로 구성된 모든 동식물들이 필수적으로 이 생존법을 선택할 수밖에 없었을 것이다.[26] 하나의 몸 안에 두 개의 다른 기능을 갖

---

25 데이비드 버코비치가 『모든것의 기원』에서 지금까지 밝혀진 가장 정확한 지구의 나이라고 본 것이다. 초기에 지구의 나이로 많은 논쟁이 있었다. 제임스 어셔(James Ussher, 1581~1656) 주교는 크리스트교 신앙의 관점에서 6천 살을, 우리가 '켈빈 경'으로서 잘 아는 영국의 물리학자 윌리엄 톰슨(William Thompson)은 1800년대에 지구의 나이를 약 2,000만 년 전으로 추산했다. 이후, 어니스트 러더퍼드(Ernest Rutherford), 존 페리(John Perry)와 오스먼드 피셔(Osmond Fischer) 등의 유명 학자들 간의 열띤 논쟁에도 불구하고 확신되지 못하고 있던 지구의 나이는 1900년대 초 '방사능 연대 측정법(Radiometric dating)'의 개발과 더불어 과학적으로 확신되었다. 방사선 원소가 붕괴되면서 원소의 종류가 바뀌게 되는데, 모원소(Parent element)와 딸원소(Daughter element)의 상대적 양을 비교하면서 지구의 나이를 알 수 있게 되었다. 소행성 벨트(Asteroid belt, 화성과 목성 사이에 100~200만 개의 소행성이 모여 있는 지역)에서 지구로 떨어진 운석을 분석하여 모원소가 딸원소로 변하는 속도, 반감기(Half-life, 모원소가 처음 주어진 양에서 절반으로 감소할 때까지 걸리는 시간)를 계산하여 지구와 태양계의 나이는 약 46억 년으로 확신하게 되었다.

춘 세포들이 공존함으로써 서로 간의 소소한 이득을 보살펴 주게 되었다. 악어와 악어새 같은 관계라고 표현할 수 있을 것이다. 여기서 참고로, 악어새는 악어에 해가 되는 기생충 등을 제거하고 악어는 악어새에게 풍부한 먹잇감을 제공하며 서로를 보살피듯 살아간다.

세포가 섭취하는 먹이의 대부분은 에너지를 생산하는 미토콘드리아에서 소화된다. 섭취된 당분은 미토콘드리아가 잘 소화할 수 있도록 포도당으로 전환되고 TCA 회로 속으로 피루브산 형태로 저장되어 에너지원을 생산하게 된다. 미토콘드리아를 구성하는 수많은 클러스터들의 지질막 표면에는 전자변환을 위한 기능 단백질들이 그룹화 되어 있어서 산화 과정을 유도한다. 과정 중에 막 내외 간의 급격한 H 농도의 변화로 전기 퍼텐셜이 발

---

26 이들 공생관계의 시작은 어디였을까? 공생은 중요한 생리과정의 축이 되어 있어서 더 깊이 있게 논의할 필요성이 있다. 박테리아와 고생박테리아(Archaea)의 유전체 정보를 이용한 추적에서 현재 진핵세포에서 관찰되는 공생은 앞서 소개한 바와 같이 두 박테리아들의 우연한 겹침으로부터 시작되었다는 학설이 주요하다. 동물세포에서는 미토콘드리아가 식물세포에서는 클로로플라스트(엽록체, Chloroplast)가 오랜 진화단계에서 단 한 번의 발생을 얻었다. 일반적으로 진핵세포에서만 발견되는 이들 공생관계는 일부 박테리아들에서도 드물게 발견된다. 시아노 박테리아 계열들에서 주로 발견되는 특이한 공생현상은 많은 연구자들의 관심을 받고 있다[닉 레인, 『바이털 퀘스천』(2015년)의 페이지 25, 그림. 25를 참조]. 여전히 두 가지 다른 종류의 박테리아가 공생관계를 유지하는 것이 어떤 의미에서 이로움을 줄지는 많은 연구를 필요로 한다. 그러나 자연의 진화선택의 관점에서 무의미한 조합을 형성하지는 않았을 거라는 의견이 지배적이다.

생하고, 이는 ATPase라는 막 단백질이 ATP를 생산하고 에너지를 축적하도록 만든다. 짧은 시간 내에 발생하는 생체기능 변화에 효율적으로 대응하도록 숙주 세포는, 앞선 3부에서도 기술한 바와 같이, 미토콘드리아가 스스로의 유전체(37개)를 소유할 수 있게 허락하였다. 숙주 세포는 미토콘드리아로부터 에너지원(여기서, ATP를 지칭한다)을 얻고 미토콘드리아는 손쉽게 먹이와 자기 유전체를 보존하는 기회를 갖게 된다. 이러한 공생관계는 현재 지구상의 모든 동식물들의 생체 메커니즘을 지탱하는 주된 축이 되고 있다.

공생의 재현: 인공 바이러스

저자의 연구진은 이들 공생관계에 특별한 관심[27]을 가지고 그 실현을 인공적으로 만들기 위해서 오랜 기간 노력하였다. 전체 진화 단계에서 단 한 번의 우연한 현상이 인간 및 동식물의 주요한 대사 과정에서 에너지 생산의 핵심 역할을 담당하게 되었다는 것은 과학적으로 이해되기 쉽지 않다. 인간이나 고등 생물들이, 개체의

27 저자는 공생관계는 내부(유전) 언어와 외부 언어 사이의 소통의 분명한 증거라고 생각한다. 이들 간의 소통의 변형이 가능하다면 우리 생존에 상당한 이득이 될 것이라고 예측한다.

무조건적인 이로움을 위하여 무한한 자가 증폭을 선호하고 있는 단순한 박테리아와 절대적으로 비교될 수는 없다지만, 일반 다윈의 진화론적 관점에서 세포에게 이롭다면 특별한 기능은 세대를 거쳐 끊임없이 보존될 수 있었을 것이라고 예상할 수 있게 된다.

특히 에너지 효율을 고려하여 단일 유전체 내에서 기능을 최대화해야 하는 박테리아로서는 그 크기를 희생하게 되었다. 그러나 상대적으로 크기가 큰 진핵세포는 그 크기와 기능면에서 비교적 복잡하나 내부로 들어간 단일 기관들에게 개별적으로 생존할 수 있도록 하여 서로 소통하며 전체의 이득을 위해서 노력하게 되었다. 따라서 결과적으로는 모두에게 가장 현명한 판단이 될 수 있을 것이다.

각각의 기관들에게 통제권을 부여하는 대신에 필요한 생필품은 중앙에서 조달하는 현재의 시스템은 매우 효과적인 중앙집권적인 통제 체제인 듯 보인다. 과학 진화 단계에서 이와 같이 설득력 있는 이론들을 적극 지지하며 우리 연구진은 내부의 목소리를 효과적으로 전달할 수 있는 실증주의자인 미토콘드리아와 같이, 특별한 기능성을 갖춘 내부 공생 기관들을 디자인·제작하고서 그 성능을 직접 비교하였다. 물론 일시적인 공생관계가 어떤 의미가 있는지 생물학자들 간의 논의에서 깊은 회의론이 있을 수 있을 거라고 생각한다.

그러나 우리의 궁극적인 목표는 미토콘드리아나 클로로플라스트(엽록체) 같은 전 세대에 걸쳐 지속되는 세포 소기관을 모사하는 것이지만, 초기 모형은 일순간의 단일 세대에만 지속되어 현 인류의 직면한 문제점만을 간단히 해결할 수 있다면 더할 나위 없이 좋을 것이다. 향후 기술의 축적과 더불어 우리는 배아 세포 단계에서 유전 라인의 근원적인 해소를 더욱 큰 목표로 잡고 연구를 추진 중이다.

내부의 목소리, 특히 누락된 목소리-유전자가 제대로 발현되지 않아 일어날 수 있는 경우-를 복구하여 현 세포에게 그 기

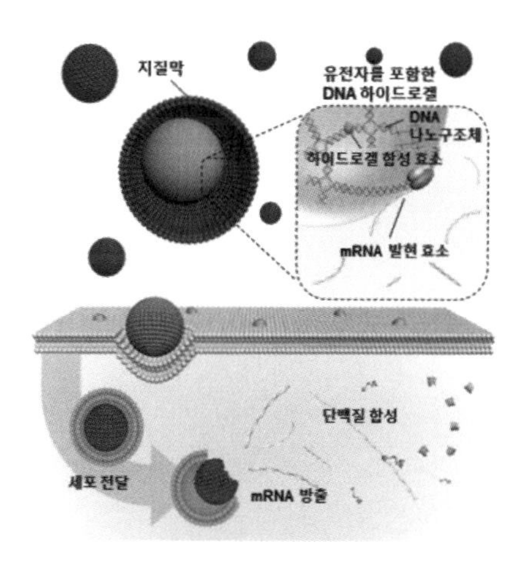

그림. 18 인공 세포와 이의 숙주 세포 담지 경로에 관한 가상의 모형도
[출처: 엄숭호와 동료들, Small (2017년)]

능을 안전하게 전달하기 위해 우리는 나노미터 크기의 소기관을 새롭게 디자인·제작하였다. 숙주 세포 내부에 담지시키고 자발적으로 누락된 단백질의 생산을 가능하게 만들었다. 이는 핵산 유전체를 담지하고 있는 핵 구성요소일 뿐 아니라, 세포질 내부에서 일상적으로 배양되고 있는 단백질을 생산하는 기능성 단백질 플랫폼이었다[그림. 18 참조]. 이는 세포핵 내부와 세포질 일부의 소기관을 모사하였다.

세포 내부에 주어진 환경 내에서 음전하량을 갖는 천연 유전체 무리는 히스톤 단백질이라고 하는 작은 양성 전하를 갖는 단백질에 의해서 조금씩 크기가 축소되어 수 마이크로미터 단위의 작은 복합체로 발전한다. 우리가 개발한 소기관 모사 체의 핵산 단위 부는 히스톤을 대체하는 수 나노 크기의 X형 핵산 단위체 속에 염색체 일부가 접합효소의 작용으로 화학적으로 연결된 형태를 갖추고 있다. 대상 세포 외부로부터 내부로 쉽게 포함되기 위해서 지질막 단위체를 사용하고 디자인·제조된 핵산 유전체 복합체를 그 내부 포획시켜서 완전체를 준비하였다.

완전체 내에 포함된 단백질 합성을 위한 구성요소가 대상 세포 내에서 직접 활성화됨으로써 세포질 내부에서 최초로 인위적인 단백질 합성이 가능하게 되었다. 초기 버전의 인공 모사체는 외부와의 직접 소통이 가능한 전달통로가 부족하여서 내부 단백질 합성을 위한 단위물질들이 모두 고갈되는 순간, 천연 합성 단위체와 달리 단백질 합성은 상당히 제한된다. 이 문제점을 해결하기 위해서 현재 연구그룹은 천연 세포질 내에 무한한 자원들을 활용 가능하도록 인위적 핵 소기관의 표면에 소통 창구를 구성하기 위한 꾸준한 노력을 병행하고 있다. 세포질 내에 존재하는 핵산 단위 구성 물질인 뉴클레오티드와 합성 효소는 물론 내부에 축적된 합성 저해제로 작동하는 쓰레기 물질들을 효율적으로 제거하여 가능한 소통단위를 경계선 상에 포함시켜

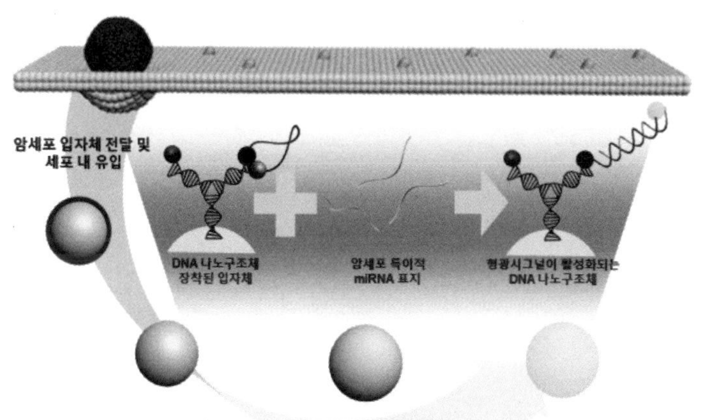

그림. 19 새로운 DNA 나노구조체로 가능해진 초간단, 초정밀 암 유전체 진단법. 이는 단순 진단을 넘어서 암 진행 및 전이 단계까지 밝혀낼 수 있다. [출처: 엄숭호와 동료들, Scientific Reports (2015년)].

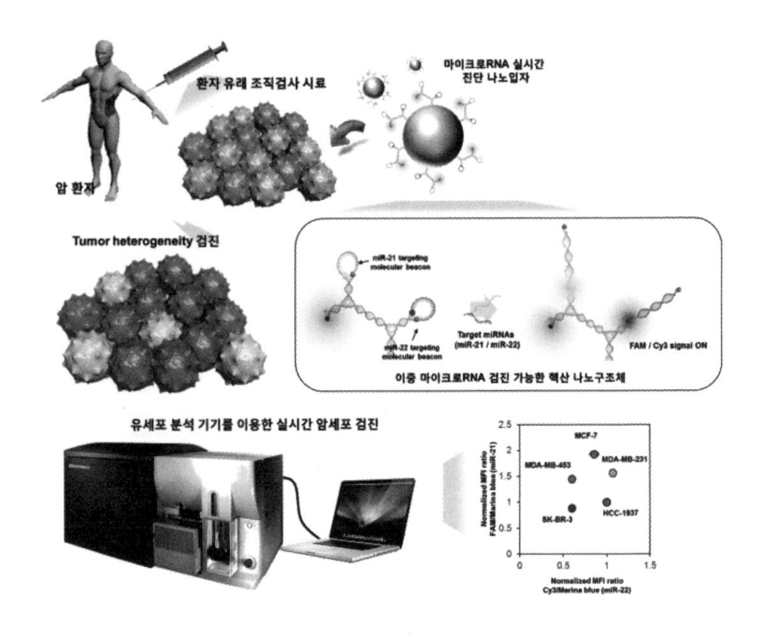

그림. 20 새로운 세포 지문 분석법을 위한 연구 과정 모식도
[출처: 엄숭호와 동료들, Scientific Reports (2017년)]

서 부재된 유전체의 기능들을 인위적으로 보완하는 등 내부와 외부를 소통시킬 수 있는 새로운 대안을 마련한다.

이와 더불어, 저자는 특정 질환 세포를 특징하는 지문 유전자들을 동시다발적으로 뚜렷하게 읽어낼 수 있는 새로운 소기관도 개발하였다. 연구진에 의해서 개발된 형광 나노 바코드 시스템을 기반으로 하는 이 인공 소기관은 다중 지문유전자들을 한 번에 공생 세포 내에서 실시간으로 읽어낼 수 있는 코드 부위와 이들의 반응으로 발현되는 형광 시그널을 무한히 증폭할 수 있는 실리카 담체, 그리고 세포 내 투과율을 극대화하기 위한 지질막의 세 가지 부위로 크게 구성되어 있다. 진핵세포 내에서 (자연은 가지고 있지 않은 기능을 가지는) 새로운 기능을 할 수 있는 소기관을 창조하는 것을 기대하며, 첫 모형은 질환 세포 내 단일 변이 유전자만을 읽어내기 위한 플랫폼으로서 형광 공명 시스템을 기반으로 작동하였다. 세포질 내에 포획된 이 인위적 소기관은 특정 질환 세포 내에 발현된 유전자 지문들을 수 나노 몰랄 농도(molality)로 읽어내는 것이 가능하였다. 특정 유전자를 인지하였을 때 대응하는 형광 물질을 보내어 세포 내부에서 실시간으로 검출 가능하게 된다.

일반적으로 대부분의 질환은 단일 유전자의 작동에 기인하지 않고, 다발적인 유전자 상호작용의 결과라고 이전에 논의하였다[본서 3부 참고]. 우리가 개발한 모형은 더욱 진화되어 질환 특이적인 단일 유전자가 아닌 다중 유전자 지문들을 동시에 실시간으로 한 번에 읽어내는 능력을 갖추게 되었다. 다중 유전자 간의 세포 내부 조성 변화를 읽어내는 데 매우 효과적이다. 내부의 목소리를 외부로 효과적으로 전달할 수 있을 거라고 기대된다.

특히 암 질환의 경우에 직접 적용되어 핵산 중합 반응, 즉 동일한 핵산을 인위적으로 다량 생산하는 방법(PCR) 없이 동시 다발적으로 특정 유전자 조합을 실시간 판별하여 다종 암의 진단을 가능하게 하므로 종양 내 이질성 해독의 문제점(이는 3부의 주요 논제 중 하나이다)을 극복하는 데 최초로 성공하였다. 암 진단에 소요되는 시간을 획기적으로 단축함과 동시에 암 치료에서 약물내성의 큰 문제점으로 지적된 종양 내 이질성 문제에 대해서 다종 질환 감염 여부를 단 한 번의 진단으로 간단히 확인할 수 있는 가능성을 열었다[그림. 19, 20 참조].

공생의 일그러짐, 소통의 부재

우리가 현재 논의하고 있는 미래를 대비하기 위해서 내부-외부 소통의 효율을 증대시킬 수 있는 과학적 기술(저자는 이를 '유전자 보청기'라고 부르고 싶다)을 개발하는 중에도, 현대 인류에 의해서 세계적으로 자행되는 소통의 부재로 인한 광적인 파괴 행위들이 자행되고 있다. 전체 인류가 자멸할 수 있는 순간순간을 때때로 목격하고 있다. 이는 평화주의자의 심심한 기우라는 비아냥거림을 듣기도 한다.

하지만 최근 자고 일어나면 세계 곳곳에서 심심찮게 들려오는 인간 잔혹성의 발현에 관한 끔찍한 결과물들에 대한 뉴스를 듣게 되면, 이런 생각이 절대 기우가 아니라는 현실을 깨닫게 된다. 한편으로 우리가 아무것도 할 수 없다는 데 한없는 무기력감을 느낀다. 예를 들어, 지난해 한반도에 불어닥친 핵 공포는 우리의 등골을 오싹하게 만들었다. 언제 일어날지 모르는 상황에 대한 불안감이 늘 있었다. 이는 세계적인 언어심리학자 스티븐 핑커의 『우리 본성의 선한 천사』(2014년)나 인류학자인 유발 하라리의 『호모 데우스』(2015년)에서 그들이 걱정하는 세상과도 매우 일치한다. 스티븐 핑커는 『우리 본성의 선한 천사』에서 이런 현상을 다음과 같이 표현하였다.

> 진화가 빚어낸 형태 그대로의 인간 본성은 평화주의자의 딜레마의 행렬에서 왼쪽 위의 평화로운 칸으로 모두를 이동시키는 과제를 감당하지 못한다. 탐욕, 두려움, 우세, 정욕 등등의 동기들이 줄곧 우리를 공격 쪽으로 잡아당기기 때문이다. (……) 게다가 현실에서는 모든 사람들의 눈금이 자기 위주 편향으로 잘못 조정되어 있으므로, 팃폿탯 위협이 안정적인 억제가 아니라 오히려 혈수의 악순환으로 귀결될 수 있다.

그는 악순환의 고리를 탈출하고자 하는 인간 본성의 의지가 우리가 생각할 수 있는 가능한 해결책임을 제안한다. 이는 언어를 포함한 소통의 통로들, 조합론적 추론이라는 개방된 사고 체계에 기반을 두고 있다고 주장한다. 여기에서 저자는 그의 주장에 동의하면서, 과감히 내부의 목소리(즉, 내부 유전언어의 소리)에도 귀를 기울여야 한다고 주장한다. 나는 30억 년 동안의 유일한 언어 문화를 공유하는 인류가 큰 자부심을 가질 필요가 있다는 말을 덧붙이고 싶다(그가 좋아할지는 모르겠지만).

스티븐 핑커의 말대로 우리가 다함께 번영할 세속적인 방법을 찾는 것이 현재를 살아가는 우리의 미래에 대한 중요한 목표가 되어야 할 것이다. 이는 인류-인류 간 갈등 문제의 해소를 위한 방안일 뿐 아니라, 더 중요하게도, 이 책 첫 부분의 주장과 동일시되는 종과 종, 유전자를 공유하는 모든 생명체 간들의 갈등 해결을 위한 실마리가 될 것임은 자명하다.

우리는 말도 안 되는 이유들을 들어가며 필요에 따라서 서로를 너무나 많이 죽이고 있다. 제래드 다이아몬드는 『총, 균, 쇠』에서 '지배하는 문명, 지배받는 문명'에 대해서 비슷한 주장을 하였다. 그는 '인간과 병원체 사이의 격화되는 진화적 경쟁 관계'에 대해서도 집요하게 파고들었다. 나는 진화적 경쟁 관계에 대해서 '격화'되는 것과 같은 그의 표현을 좋아하지 않는다. 두 종간의 뜻하지 않는 싸움 정도로 진화를 끌어내리는 것 같은 느낌이 들어서이다. 이보다는 리처드 도킨슨의 『확장된 표현형』(1982, 1999년 작)을 읽고 철학자인 대니얼 데닛Daniel Dennett이 쓴 우아한 표현이 훨씬 더 마음에 든다. 그는 진화적 경쟁 관계에 대한 리처드 도킨슨의 확장된 표현형에 대해서 다음과 같이 지지한다.

> 표현형 효과가 유기체와 '외부' 세계 사이를 가르는 경계선을 무너뜨린다면, 유기체라는 게 왜 있는 걸까?(……) 우리는 모두 핵(그리고, 미토콘드리아) DNA와 더불어 매일 수천 가지 계통(우리 몸의 기생자와 장내 미생물상까지도)의 DNA를 지니고 다니며, 이 모든 유전체는 대부분의 상황에서 꽤 잘 지낸다. 결국 이들은 모두 같은 배를 탄 것이다.

같은 배에 합승한 모든 종들이 함께 소통하기 위해서 그들이 공통적으로 소유한 유전자가 말하는 언어를 좀 더 심사숙고해야 할 때이다. 이번 장의 글을 맺으면서 조지 버나드 쇼의 인생의 비극에 대한 묘사가 더욱 애절하게 느껴지는 것은 나만이 아닐 것 같다. 그는 말하였다. "인생에는 두 가지 비극이 있다. 하나는 가슴이 원하는 것을 성취하지 못하는 것이다. 다른 하나는 가슴이 원하는 것을 성취하는 것이다."

제노사이드? 혹은 제4차 혁명?

우울한 미래

3부에서 주장한 '바른 소통이 우리를 올바르게 이끈다는 생각이 반드시 필요한가'에 대해서는 여전히 강한 의문이 든다. 아픈 소리를 들으면 고치기 위해서 외부에서 무엇인가 의미 있는 행동을 하는 게 당연하지 않냐는 생각을 하면서도, 이것이 정당한 행위인가는 아직도 잘 모르겠다. 특히, 최근에 재미있게 읽은 유시민의 『역사의 역사』(2018년)를 읽다가 우연히 알게된 한 편의 기사는 기사에 나오는 당사자만큼이나 정당한 행위에 관하여 예전부터 의문을 갖고 있던 나에게는 매우 큰 충격이었다.

그 기사는 2017년 미국의 백인우월주의자들이 유전자 분석을 통하여 인종주의적 성향을 노골적으로 드러낸 일대 사건에 주목한 것이었다. 인종주의적 성향이 강한 순수 백인이라고 자부하는 자가 그의 순수 혈통을 증명하기 위해서 어느 날 DNA분석을 의뢰했다. 곧 그 결과를 공유 커뮤니티 사이트에 올리면서 큰 사회적 문제가 일어나게 되었다. 도널드 트럼프 대통령이 집권하며 극단적 국수주의적 성향이 강조되는 현 상황에서, 극단주의적 인종주의 역시 더불어 심화되고 이슈화가 된 것 같다. 연속 기사 중에서 문제가 된 내용만 발췌하면 다음과 같다.

> 미국에는 '23andMe'를 비롯해 100달러 내외 가격으로 DNA분석 서비스를 제공하는 기업이 여럿 있다. UCLA 교수 두 사람이 백인우월주의자 커뮤니티 사이트 글을 추적 조사한 결과에 따르면, DNA분석 서비스 신청자의 3분의 2가 순수 백인이 아니라 다른 인종의 DNA가 섞여 있다는 결과이다. '순수 백인 전용 마을'을 추진하려는 어떤 건설업자의 경우, 유전자의 86퍼센트가 유럽인이지만 14퍼센트는 사하라 이남 아프리카인의 것이라는 충격적인 결과를 받았다. 이 테스트에 참여한 미국인 대부분이 여러 인종의 유전자를 가지고 있다는 게 밝혀졌다. 백인우월주의자 커뮤니티 회원들은 조사 결과를 조작이라고 비난하거나, 거울로 봤을 때 백인처럼 보이기만 하면 문제가 없다거나, 테스트 결과보다는 마음가짐이 중요하다고 하는 등 다양한 반응을 보이고 있다.

그들은 순수한 유전적 혈통을 가지고 있고, 그 공통점으로 서로를 더 잘 이해할 수 있기에 함께 살면 더 행복할 거라는 꿈을 꾸었다. 그런데 전혀 기대하지 못한(그들에게는 무척 비참한) 이런 결과가 나와서 헤어날 수 없는 악몽이 된 셈이다. 지구상에 존재하는 모든 생명체는 A, T, C, G의 공통된 염기 알파벳을 공유한다. 이는 갑자기, 생물의 공통적인 출발점을 주장한 유명한 헝가리 태생 노벨상 수상자인 자크 모노Jacque L. Mono가 한 유명한 말, '대장균에서 사실인 것은 코끼리에서도 사실이다'를 떠올리게 한다. 유전적 유사성이 99.7퍼센트인 호모 사피엔스라는 공통의 조상을 공유하는 같은 인간 사이에서 그 작은 차이를 비교하는 것은 참으로 의미 없는 일이다.

이 책의 주장-모든 종은 공통된 내부 유전언어를 가지고 있는 같은 민족이다-에 따르면, 이러한 비교는 정말 어리석은 짓거리일 것이다. 인류 역사를 보면, 공통적인 유전적 출발점을 부인하고 잠시 망각하는 그 순간, 인간에게는 수많은 비극이 만들어졌다. 단순히 극단주의자들의 말장난이나 소규모 행동이 아니라 홀로코스트(Holocaust)로 기억되는 끔찍한 인종차별주의에 동조하여 일어난 구조악의 참혹한 범죄를 떠올려보자.

당시 기록에 따르면, 반제회담에서 추정한 유럽의 유대인 수는 총 1,100만 명이었고, 이 중 600만 명이 제2차 세계대전 동안 독일군으로부터 잔인하게 희생되었다. 만약 당시 유전자 개념이 발달하여 내부의 언어가 말하는 소리에 잠시라도 귀를 기울여, 100퍼센트 순수한 유전적 혈통의 인종은 없다고 인식할 수 있었다면, 이 많은 참혹한 희생자들은 없었을 텐데 하는 아쉬움이 있다. 아무리 소통을 외쳐도 이러한 (말도 안 되는) 혈통적 국수주의는 유제닉스(Eugenics)라는 미명하에서 예나 지금이나 널리 행해지고 있다. 그래도 우리는 스티븐 핑커의 주장대로 '우리 본성의 선한 천사'를 끝까지 믿어야 하는가?

올바른 소통이라는 포장 하에 자행되는 끔찍한 악행은 더 끔찍한 형태로 나타나고 있다. 2017년 11월 29일자 〈네이처〉에는 우리 눈을 의심하게 하는 놀라운 연구 결과가 소개되었다. 미국을 대표하는 비영리 민간 생의학연구소인 스크립스 연구소는 우리가 지금까지 알고 있는 네 개의 염기(A, T, C, G)에 두 개의 인공 염기 X, Y를 추가하여 모태가 되는 대장균이 새로운 아미노산을 만들어 낼 수 있었다고 보고하였다.

이 연구를 이끈 플로이드 로메스버그Floyd Romesberg 박사팀은 2014년에 기존 염기에 새로운 염기 두 개를 새로 추가하는 데 성공하고, 이를 곧바로 대장균에 주입하였다. 그리고 드디어 2017년 인공 염기를 품은 대장균에 새로운 아미노산을 창조하는 데 성공하였다. 기존에 '센트럴 도그마'의 유전자 번역 과정은 세 개의 염기에 한 개의 아미노산이 특별하게 대칭되는 자연 현상을 경험하므로 최종적으로 단백질, 즉 아미노산을 합성하였다.

이번에 연구팀에서 개발한 두 종류의 새로운 염기 서열의 추가로 인하여 자연계에는 이전에 존재하지 않은 새로운 아미노산 서열이 만들어지게 되었다. 4개의 염기로 자연에서 만들어 낼 수 있는 아미노산은 총 20개로 고정되어 있는데, 이번에 두 종의 추가로 172개의 아미노산 종류가 생성될 수 있다고 예측된다. 〈네이처〉와의 인터뷰에서 로메스버그 박사는 "우리 연구는 생명이 살아가는 방식을 바꿀 수 있는 가장 작은 변화이자 최초의 변화"라고 말했다. 혹자들은 이번 결과에 고무되어 "세계적인 스크립스 연구소가 최초로 생성된 반합성 생물을 만들어냈다. 이는 인간이 드디어 신과 같이 생명체를 창조할 수 있게 되었다"고 극찬하였다.

이와 같은 인간의 신에 대한 도전은 이번이 처음은 아니었다. 2016년 세계적인 과학저널 〈사이언스〉의 3월 25일자에 「최소량의 (유전자를 가진) 박테리아 게놈(유전체)의 설계와 합성」이라는 한 쪽짜리 논문이 발표되었다[그림. 21 참조]. 2,000년 인간 게놈 지도를 해독하여 일약 스타덤에 오른 크레이그 벤터 연구소의 크레이그 벤터 박사팀에 의해서 창조된 이 생명체는 벤터 박사의 말에 따르면, 살아가는 데 필수적인 최소한의 유전자로만 구성된 최초의 인공 생명체 'JCVI-syn3.0'이었다. 2010년에도 벤터 박사는 유전자 901개, 염기쌍 107만 7,947개를 가진 박테리아 'JCVI-syn1.0'을 합성하였다. 몇몇 과학자들은 이들 연구를 열렬히 지지하며 인공 세포를 만드는 합성생물학 연구에 크리스퍼 유전자 가위 등 유전자 편집 기술을 결합시켜서 더 극적인

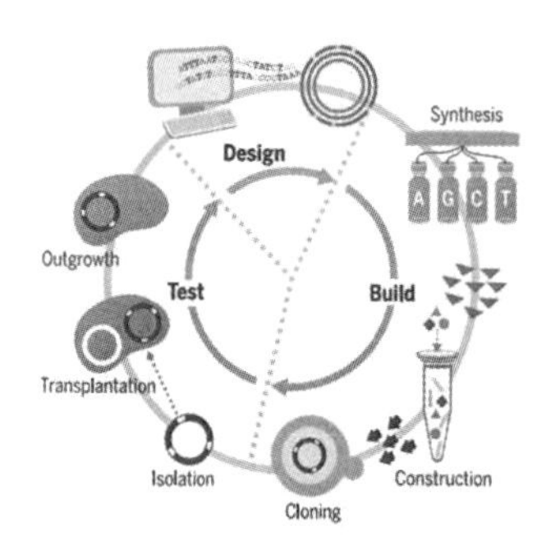

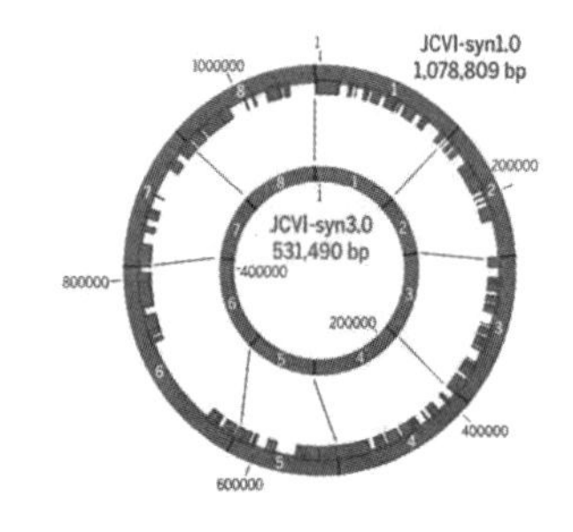

Four design-build-test cycles produced JCVI-syn3.0. (**A**) The cycle for genome design, building by means of synthesis and cloning in yeast, and testing for viability by means of genome transplantation. After each cycle, gene essentiality is reevaluated by global transposon mutagenesis. (**B**) Comparison of JCVI-syn1.0 (outer blue circle) with JCVI-syn3.0 (inner red circle), showing the division of each into eight segments. The red bars inside the outer circle indicate regions that are retained in JCVI-syn3.0. (**C**) A cluster of JCVI-syn3.0 cells, showing spherical structures of varying sizes (scale bar, 200 nm).

그림. 21 크레이그 벤터 연구소의 크레이그 벤터 박사팀에 의해서 창조된 소량의 (유전자를 가진) 박테리아 게놈(유전체)의 설계와 합성물 [출처: 크레이그 벤터와 동료들, Science (2016년)]

유형의 인공 세포를 만들어내야 한다고 주장하였다.

이러한 과학적 결실들이 인류의 미래에 어떤 전망을 그리게 될지는 아무도 모른다. 그러나 분명한 것은 이들의 연구를 지지하나 그 쓰임에 대해서 조금 더 신중하자는 의견이 압도적이다. 아마도 이는 소설 『제노사이드』를 읽고 느끼는 신생 인류의 출현, 그 자체만으로 인간이 느끼는 환영과 또 한편으로 주체할 수 없는 극한 공포심 때문일 것이다.

미래의 희망

이쯤에서 새로운 인공 생명체를 만들어내는 연구자들의 마음은 무엇일까 궁금하지 않을 수 없다. 이는 인공 생명체를 최초로 발표한 크레이그 벤터가 그의 자서전 『게놈의 기적』(2007년)에서 밝힌 소감으로 어렴풋이 예측할 수 있을 듯하다.

> 우리의 계획이 성공한다면 새로운 피조물이 탄생하게 된다(2008년 1월 24일, 벤터 연구진은 미코플라스마 라보라토리움을 합성하는 데 성공했다고 발표했다-옮긴이). 물론 이 인공DNA를 읽으려면 기존 생물의 세포 구조를 이용해야 한다. 우리는 조물주의 영역에 너무 깊숙이 들어가는 것 아니냐는 질문을 자주 받는다. 나는

> 그때마다 (적어도 지금까지는) 우리가 재구성하고 있는 건 자연에 이미 존재하는 생명체의 축약본에 지나지 않는다고 대답한다. 그리고 우리 연구에 대한 윤리적 검토를 마쳤으며 이것이 좋은 과학이라 생각한다고 덧붙인다. 인공 게놈이 있으면 하나의 유전자나 유전자 집합을 집어넣거나 빼내봄으로써, 유전자 차단 실험을 통해 세운 가설을 확실히 검증하고 생명의 원리를 실제로 알아낼 수 있다.

생명체에 대한 수많은 염색체, 유전게놈 분석에 머물지 않고 게놈 분석의 (의학적 가능성뿐만 아니라 사회 전반 분야에서) 무한한 가능성의 미래를 전망하며 벤터는 다음과 같이 주장하였다.

> 유전자 수백만 개를 새로 발견한 이후 우리는 진화의 새로운 국면을 열 도구를 만들기 시작했다. 미생물은 지구의 기후에 중요한 임무를 수행한다. 나무가 이산화탄소로 호흡할 수 있는 건 광합성 덕분이다. 바다도 마찬가지다. 하지만 여기에는 또 다른 메커니즘이 결부되어 있다. 화력발전소의 배출 조절 시스템에 살면서 이산화탄소를 빨아들이는 생물을 새로 만들 수는 없을까? 미생물과 이들의 독특한 생화학을 이용해 기후를 바꿀 수는 없을까? 지구의 허파, 미생물이 숨을 더 깊이 쉬도록 할

> 수는 없을까? 터무니없이 들리는가? (……) 지구 온난화 현상을 줄이는 데 효과적인 생물을 이미 많이 발굴해 놓았다. 이뿐만이 아니다. 현재 지식 수준으로도 새로운 종의 염색체를 설계하고 화학적으로 조합해서 최초의 자기복제 인공생명체를 만들 수 있다. (……) 설탕에서 부탄, 프로판, 옥탄 같은 연료를 생산하는 박테리아를 만들 수 있다면 어떻게 될까? 게다가 이들이 섬유소를 이용하도록 만들 수 있다면? 이는 세상을 바꿀 수 있는 놀라운 기술이다. 지구의 석유 자원이 한정된 탓에 부가 불균등하게 분배되고 전쟁이 일어나며 국가 안보가 위협을 받고 환경이 오염되었다. 또한 허리케인에서 홍수와 가뭄에 이르기까지 온갖 기후 변화가 일어났다.

현재 우리는 스티븐 핑커의 주장처럼 과격 인종주의자와 같은 전 인류의 제노사이드를 지향하기보다는, 크레이그 벤터가 꿈꾸는 새로운 과학 혁명으로의 밝은 미래를 만들어 가고 있는 것 같다. 현생 인류인 호모 사피엔스의 말뜻처럼 이성적으로 사고하는 인간은 과거부터 지금까지 그래왔듯이 함께 힘을 모아 집단을 이루고 협력하여 신문명을 쏘아 올려야 한다. 동물의 협력과는 달리, 우리는 이성적 사고를 바탕으로 종교의 개념을 도입하여 국가를 이룰 수 있는 거대한 집단 체제를 스스로 건설할 줄 알았던 그런 동물이다. 이 동물이 신만 할 수 있는 불멸의 행복도 추구하려고 한다.

유발 하라리는 『호모 데우스』에서 인간은 그들에게 닥친 모든 문제들을 해결하고 생명공학과 인공지능 등의 막강한 기술력으로 신의 지위를 얻기 위해서 고군분투하고 있다고 말했다. 하지만, 바벨탑의 교훈을 뼈저리게 느끼며 절실히 후회하고 있는 우리 인간은 이전과 같은 어리석음을 절대 반복하지 않을 것이다. 과거의 과오로부터 해방되기 위해서라도, 예리한 혁명적인 손도끼를 파멸의 머리를 내리치는 데 사용하지 않을 것이다. 그들은 호모 사피엔스의 이름에 걸맞게 반드시 소통을 통한 현명한 선택을 하여 제4의 혁명을 이루고 불로장생할 것이다.

후기

과거를 연장하지 마라.
미래를 초대하지도 마라.
네 타고난, 빈틈없는 마음을 바꾸지 마라.
겉모습에 두려워하지 마라.
거기에는 아무것도 없으니.

- 티베트 불교입문서

드니 빌뇌브 감독의 영화, 《컨택트》를 본 어느 날, 아내와 손을 잡고 늘 다니던 돌담길을 산책하는 중에 비스듬히 쪼여 들어오는 햇살이 가리키는 한곳을 무심코 지켜보게 되었다. 그곳에는 한 무리의 개미들이 바쁘게 어딘가로 줄을 지어 열심히 달려가고 있었다. 누가 갑자기 막 뛰면 무슨 이유인지도 모르고 같이 막 뛰게 되는 그런 기분인가? 아니면 그런 영화를 보고 나서 그런가? 갑자기 저놈들이 무슨 생각을 하며 모여서 어딘가로 그렇게 급하게 이동하고 있는 것일까? 이를 알 수 있으면 정말 좋겠는데 하고 혼잣말을 중얼거리면서 뜬금없는 공상에 잠겼다. 한동안 생각에 잠겼다 깨어나며 옆의 아내에게 넌지시 이를 얘기하였더니 "또, 그 직업병이야!"라고 살짝 핀잔 섞인 잔소리가 돌아왔다. 한숨을 길게 쉬고 길 한쪽의 벤치에 걸터앉는 순간, 아내는 "에고, 그거 궁금해서 이제 어쩌나?"라고 계속 놀려대며 나를 내심 걱정한다.

아내의 걱정은 금세 현실이 되어버렸다. 오늘 본 작은 개미 친구들이 무리지어 어딘가로 뛰어가는 게 너무 궁금해서 이런 저런 책들을 밤새 뒤척이며 나만의 연구 세상에 흠뻑 빠져 버렸다(사실 개미가 사회성이란 인격을 갖추고 같은 목적을 향해서 함께 노력한다는 게 가능한가?). 나름 진지하게 집중해서 탐구하면서 굉장히 놀라웠던 점은 이와 비슷한 고민이 생각보다 매우 드물다는 것이었다. 하루하루 살기가 바빠서 그런지 이처럼 한가로운 생각을 하는 게 사치인 듯 한편으로 무형의 대상에게 괜히 미안한 생각이 든다. 한편으로는 새로운 주제를 찾았다는 반가움에 몹시 흥분이 된다.

이게 정말 직업병인지 그 수수께끼는 한동안 내 머릿속을 뱅글뱅글 맴돌며 끝을 모르는 심연의 암흑 속으로 더욱더 깊이 빨려 들어가고 있었다. 저 작은 개미 병정들의 생각을 금세 눈치채고 함께할 수 있다면, 더 나아가 그들의 생각을 마음대로 조정할 수 있다면 하는 바람까지 드는 그 순간, 나에게 이는 더 이상 한가로운 생각이 아니라 인류가 오랫동안 품은 거대한 고민이 될지도 모른다는 느낌이 들었다.

과학자로서 늘 어려운 난제를 만나면 반드시 풀어내야 한다는 깊은 사명감이 있다. 평소 나의 연구는 생물체 간의 공생관계에서 진화적 연결성에 관한 것이라 이보다 더 좋은 주제는 평생 못 만날 것 같았다. 어느 날 내게 갑자기 주어진 이 숙명에 짜릿한 감동의 느낌은 물론, 어디 있을지 모를 해답을 찾아가기 위해서 자료들을 모으고 면밀히 분석하게 되었다. 그 과정은 이 책의 주제, 즉 '공통된 언어로 다른 종간의 소통'이 가진 그 묵직한 무게의 가치를 더욱더 느끼게 되는 순간이었다. 첫사랑과 같은 한없는 설렘으로 그 주제를 소중히 아주 조심스럽게 다루어가며 탐구하였다. 확실한 과학적 증거들을 아직 다 찾지는 못했지만, 새로운 가설을 지지하는 관련 증거들을 모으면서 점차 이 세상에 큰 의미가 될 수 있는 중요한 해답을 찾아 가는 자부심을 느끼게 되었다.

우여곡절 끝에 드디어 오랫동안 계획했던 내 생애 첫 작품이 탄생하였다. 하나밖에 없는 또 다른 나, 아들 Q가 태어나던 그날과는 비교할 수 없지만, 내 마음 한쪽에서는 오랜 숙제로 남아있던 무엇인가가 풀리며 뿌듯한 감동이 한꺼번에 밀려오고 있다. Q를 얻던 날 사랑하는 아내와 부둥켜안고 무척 좋아하던 그때가 갑자기 생각난다. 이번에 태어난 이 책은 함께 읽는 독자들이 모두 애지중지하며 오랫동안 아끼고 소중하게 키워나갔으면 좋겠다. 탄생시킨 부모로서 어떻게 자랐으면 좋겠다는 희망이 있다.

이 책은 우리가 일반적으로 경험하지만 쉽게 생각하고 홀대하는 '소통의 중요성'에 관한 과학적인 주제를 심도 있게 다뤘다. 작은 개미 군집의 활동을 보면서 소소하게 겪은 짧은 일상의 경험으로부터 시작하여 다른 종들 간의 불통이 발생하는 이유와 그와 연결된 의문이자 중요한 단서로서 인류의 언어, 특히 내부(유전) 언어를 살펴보고, 이의 과학적인 해석을 통한 미래의 소통하는 인류의 모습을 그려보았다. 인류가 수렵생활을 시작한 이래로 농경생활을 거쳐 공동체 사회로 향해 가면서 그들 간의 상호소통은 원활해졌지만, 이를 더 활성화하기 위한 여러 가지 방법들 중에서 언어는 끊임없이 체계적으로 발전될 필요가 있었을 것이다. 인류는 언어의 힘을 통해서 역사, 경제 등으로 전반적인 그 활동 범위의 영역을 넓혀 갔으므로 이들 언어에 대한 이해는 모든 소통을 연구하는 데 필수적인 것처럼 보인다.

외형적인 세계에서 표면상으로 드러난 그 언어는 단순한

울음 소리에서부터 시작하여 의미 있는 상형문자는 물론, 더 나아가 현재 사용 중인 고급스런 언어로까지 점차 진화되어 왔다. 인류의 미래에 대한 혜안(慧眼)을 갖기 위해서는 이들의 이해와 더불어 그들의 심연에 존재하는 근본적인 언어, 내부 세계의 언어, 즉 모든 생명체를 관통하는 유전자 언어에 대해서 점차 그 관심을 기울일 때이다. 인류 탄생 이전부터 즉, 생명 탄생 그 순간부터, 우리와 함께하고 있는 우리 내부의 체계적인 언어들을 이해하면서-퍼스의 창조적 추측에 따른 가추법(Abduction)의 사고에 따라서- 우리는 우리의 생존, 즉 현 인류의 미래 생존을 위한 현명한 해답을 어렴풋이 얻을 수 있을지도 모르겠다.

타인과 소통하고 간섭하면서 일어나게 되는 다양한 일상의 갈등 속에서 우연히 일어나는 뜻하지 않는 결과들을 마주치면서 때론 무척 놀라곤 한다. 더욱 놀라운 것은 이들 결과들이 어쩌면 개개 인간들 내부에서 이미 프로그래밍되어 통제되고 있지 않나 생각될 때가 있다. 흔하게 마주치는 인간 갈등도 알고보면 개인의 내부에서 통제하는 무엇인가에 따라서 일어날 수 있는 예상된 결과인 것이다. 리차드 도킨슨은 이러한 소리가 유전자라고 하였으며, 에릭 슈나이더Eric Schneider는 이를 단일 개체라고도 하였다. 갈등 상황이 쉽게 증폭되어 더더욱 그 결과가 예측되지 않는 현재에, 우리는 때론 감성으로 때론 이성으로 표출

되는 그 소리들을 무시하지 말고 주의 깊게 들어야 되지 않을까 생각해 보게 된다.

이 작품을 통해서 나는 리차드 도킨슨의 생각에 좀 더 치우쳐 있지 않나 생각해 본다. 개별 유전자의 능력을 믿고 이들 유전자들 사이에서 일어나는 소통을 통하여 개체의 확장된 표현형이 일어나게 된다는 그의 생각을 열렬히 지지한다. 그러나 동시에 뛰어난 기술들의 발달과 더불어, 어느 순간에 우리가 갑자기 맞이할 수 있는 으스스한 미래의 공포도 함께 느끼게 된다. 데이비트 버코비치는 '기술과 의학으로 무장한 인간은 지난 수십억 년 동안 누구에게나 적용되어 왔던 자연선택의 섭리를 교묘하게 피해왔다'라고 말하고 있다. 요즘 복잡한 생명체가 우후죽순처럼 등장하고 있는데 이들과 우리의 소통의 관계가 곧 정리되지 않는다면 '캄브리아 폭발'이 재현되지 않을까, 심각한 걱정이 된다.

나는 공생관계를 인위적으로 발생시켜 현 인류가 맞닿아 있는 종간 심각한 소통의 문제들을 해결하는 데 큰 흥미가 있다. 내부의 유전자 간의 목소리들을 듣고 문제점들을 함께 고민하고 해결할 수 있다면, 우리가 뜻하지 않게 순간적으로 맞닿을 수 있는 그 어떤 공포들로부터 영원히 벗어날 수 있을 거라고 확신한다. 더욱이 다른 종과 종간이 38억 년 동안 함께 공유한 이 유전자들-내부의 속삭임, 제4의 언어-이 갈등의 폭을 조금이라도 좁힐 수 있을 거라고 믿는다. 이 책이 뜻하지 않는 상황에 대한 현명한 대비책이 되었으면 좋겠다.

혹자는 이 책의 결론에 대해서 과학적으로 검증되지 않아서 설득력이 없다고 맹렬히 비난할지도 모르겠다. 그러나 권위에 입각해서 근거 없는 주장을 나열하는 철학자의 모습이라 맹비난을 받았던, 현재는 우리 역사상 뛰어난 선각자로 생각되는 퍼스나 케플러 등의 주장과 같이, 철학을 기반으로 일반화와 분석, 위계적인 순서에 따른 지식과 문화를 합성하고 새롭게 그 의미를 조직하여 후에 모두를 진리에 이르게 하는 기치를 발휘할 수 있는 그런 혜안이 되었으면 좋겠다.

국내 과학 기술력은 세계적임에도 불구하고 새로운 주제들을 탐구 개발하는 데는 매우 후진적이라고 할 수 있다. 잠재적인 유망한 미래 기술 인력을 배양하는 데 우리의 교육 경쟁력이 여전히 후진성을 면하지 못하고 있는 것이 사실이다. 표면상으로 이미 침체되어 가고 있는 우리의 과학 기술 선진국으로서 지위의 상실 속도를 한없이 늦추고, 더 나아가 한 단계 도약하여 번영으로 나아가기 위해서 지금부터라도 우리는 새롭고 체계적인 미래 전략을 수립할 필요가 있다. 새로운 각도에서 연구 주제를 발굴하고 탐구할 수 있는 과학 기술 인력을 배양할 수 있어야 한다. 미국, 일본이나 유럽 여러 과학 선진국에서는 창의적 지식 배양의 필요성을 오래전부터 절실히 느끼고 과학 및 공학 분야에서 전문 교양서나 번역서 저술을 위한 개인 및 단체의 활동들이 적극적인 지원을 받고 있다.

국내에서는 관련 분야의 대표적인 전문가 집단들이 이러한 취지에 일찌감치 동감하여 다양한 양질의 읽을거리들을 생산하는데 노력하고 있으나, 여전히 많은 지원이 필요한 상황이다. 국가의 전방위적 대응 전략이 소홀하여 우리의 현실은 과학 선진국들과 비교하여 낙후되어 있다. 현재의 열악한 미래 교육 행정 현실을 개탄하지 않을 수 없으며, 이 분야의 대표적인 전문가로서 통렬하게 깊이 반성하게 된다. 조금이라도 우리 개혁의 힘이 되고자 국내 과학 기술 교육프로그램의 개선 혹은 교육 방법 등을 열심히 제안하고 있으며 이를 통해서 잠재적인 미래 과학 인재들은 물론 일반 국민들의 지적소양을 업그레이드하기 위한 노력이 한창이지만 생각보다 쉽지 않다. 좌절하지 않고, 다른 경쟁 국가들처럼 과학 및 공학 전공 학생들은 물론 여러 주제들에 무한한 호기심을 표현하는 일반 독자들을 충족하기 위한 읽기 쉬운 전문 서적을 집필할 필요가 있다.

이 책은 그런 노력에 대한 저자의 첫 번째 시도로서 본인이 과학계에서 수십 년간 축적한 다양한 경험들을 일반인들과 공유하여 과학의 대중화에 기여되기를 바라는 결과물이다. 이것이 성공하여 미래 국가의 성장 동력을 대비하는 데 큰 일조가 되었으면 좋겠다.

4차 산업혁명의 물결이 어느 때보다 거세다. 혹자는 점차 디지털화되는 첨단 과학 혁명의 시대에 하루라도 빨리 대체하여야 미래의 인류가 지금보다 평화롭게 존립할 수 있다고 위협적으로 말한다. 최근에 데이비드 색스David Sax는 『아날로그의 반격』(2017년)이라는 저서에서 1970~80년대 복고 전통으로의 복귀를 강조한다. 이전부터 우리에게 익숙한 시스템들이 사라지지 않고 점차 특성화되어, 기계 혁명으로 대표되는 미래에서 인간은 이를 통해서 뜻 모를 불안감으로부터 해방될 수 있다고 한다. 이는 내부 목소리, 즉 제4의 언어에 귀 기울여 외부와 소통하는 이 책의 주제와도 왠지 잘 어울리는 듯하다. 왜냐고? 우리는 38억 년 전 언어지만 현재 사용되는 그 오래된 언어에 대해서 지금도 진지하게 이야기하고 있으니까.

참고문헌

이 글을 집필하면서 각 파트에서 참고한 문헌들을 적어둔다. 본문에 특별히 표기되어 있지 않다면 이곳에서 참고문헌에 대한 더욱 정확한 정보를 얻을 수 있다. 참고문헌 연대표기는 가능한 도서의 국내 출판 시기를 고려하였다.

| 서문 |

1. 데이비드 버코비치. 모든 것의 기원; 책세상: 서울, 2017.

| 1부 외부 언어 |

1. 유발 하라리. 사피엔스; 김영사: 서울, 2015.

2. 제임스 르 파누. 현대의학의 거의 모든 역사; 알마출판사: 서울, 2015.

3. 스티븐 핑커. 언어 본능: 마음은 어떻게 언어를 만드는가?; 동녘사이언

스: 서울, 2008.

4. 카렌 암스트롱. 종교의 탄생과 철학의 시작: 축의 시대; 교양인: 서울, 2010.

5. 움베르토 에코. 기호: 개념과 역사; 열린책들: 서울, 2000.

6. 움베르토 에코, 토머스 A. 세벅. 셜록 홈스, 기호학자를 만나다; 위즈덤하우스: 서울, 2015.

7. 재레드 다이아몬드. 총, 균, 쇠: 무기 · 병균 · 금속은 인류의 운명을 어떻게 바꿨는가; 문학사상사: 서울, 1998.

| 2부 내부(유전) 언어 |

1. 에이미 허먼. 우아한 관찰주의자; 청림출판: 서울, 2017.

2. Nick Lane, The Vital Question: Energy, Evolution, and The Origins of Complex Life, W. W. Norton & Company, Inc. New York, 2015. 이 책에서는 원서를 참조했다. 한국어판은 다음을 참조. 닉 레인. 바이털 퀘스천; 까치, 2016.

3. Alberts, B.; Johnson, A.; Lewis, J.; Raff, M.; Roberts, K.; Walter, P. Molecular Biology of The Cell; Garland Science, Taylor&Francis Group: New York, 2002.

4. 매트 리들리. 생명 설계도, 게놈: 23장에 담긴 인간의 자서전; 반니: 서울, 2016.

5. Pittis, A. A.; Gabaldón, T. Late acquisition of mitochondria by a

host with chimaeric prokaryotic ancestry, Nature 2016; 531(7592): 101-104.

6. Cann, R. L.; Stoneking, M.; Wilson, A. C. Mitochondrial DNA and human evolution, Nature 1987; 325: 31-36.

7. Sawyer, S.; Renaud, G.; Viola, B.; Hublin, J-J.; Gansauge, M-T.; Shunkov, M. V.; Derevianko, A. P.; Prüfer, K.; Kelso, J.; Pääbo, S. Nuclear and mitochondrial DNA sequences from two denisovan individuals, Proc. Natl. Acad. Sci. 2015; 112(51): 15696-16700.

8. Meselson, M.; and Stahl, F. W. The replication of DNA in Escherichia coli, Proc. Natl. Acad. Sci. 1958; 44(7): 671-682.

9. Evans, S. S.; Repasky, E. A.; Fisher, D. T. Fever and the thermal regulation of immunity: the immune system feels the heat, Nat. Rev. Immunol. 2015; 15: 335-349.

10. Zhang, Y.; Reinberg, D. Transcription regulation by histone methylation: interplay between different covalent modifications of the core histone tails, Genes & Dev. 2001; 15: 2343-2360.

| 3부 소통 |

1. 리처드 도킨스. 이기적 유전자; 을유문화사: 서울, 2010.

2. Collins FS, Varmus H. A new initiative on precision medicine. New England Journal of Medicine. 2015; 372(9): 793-5.

3. Peplow M. The 100,000 genomes project. BMJ. 2016; 353: i1757.

4. 생명공학정책연구센터. 주요 국가별 유전체 분석 프로젝트 현황 (2015.10.2.).

5. Shendure J, Ji H. Next-generation DNA sequencing. Nature Biotechnology 2008; 26(10): 1135-45.

6. Metzker ML. Sequencing technologies-the next generation. Nature Review Genetics 2010; 11(1): 31-46.

7. Shao D et al. A targeted next-generation sequencing method for identifying clinically relevant mutation profiles in lung adenocarcinoma. Scientific Reports 2016; 3; 6: 22338.

8. Wang J, Song Y. Single cell sequencing: a distinct new field. Clinical and Translational Medicine 2017; 6(1): 10.

9. Feiersinger, F. et al. MiRNA-21 expression decreases from primary tumors to liver metastases in colorectal carcinoma. PloS one 2016; 11: e0148580.

10. Tavazoie, S.F. et al. Endogenous human microRNAs that suppress breast cancer metastasis. Nature 2008; 451: 147-152.

11. Clegg, R. M. Fluorescence resonance energy transfer. Current Opinion in Biotechnology 1995; 6: 103-110.

12. Drummond, T. G. et al. Electrochemical DNA sensors. Nature Biotechnology 2003; 21: 1192.

13. Chang, B. Y. et al. Electrochemical impedance spectroscopy. Annual Review of Analytical Chemistry 2010; 3: 207-229.

14. Heinze, J. Cyclic voltammetry—"electrochemical spectroscopy". Angewandte Chemie International Edition 1984; 23: 831-847.

15. Yang, Y. et al. Enhanced charge transfer by gold nanoparticle at DNA modified electrode and its application to label-free DNA detection. ACS applied materials & interfaces 2014; 6: 7579-7584.

16. Lv. W. et al. Graphene-DNA hybrids: self-assembly and electrochemical detection performance. Journal of Materials Chemistry 2010; 20: 6668-6673.

17. Lyle, M. The brown-green color transition in marine sediments: A marker of the Fe (III)-Fe (II) redox boundary. Limnology and Oceanography 1983; 28: 1026-1033.

18. Jin, Z., Geißler, D., Qiu, X., Wegner, K.D. & Hildebrandt, N. A Rapid, amplification free, and sensitive diagnostic assay for single-step multiplexed fluorescence detection of microRNA. Angewandte Chemie International Edition 2015; 54: 10024-10029.

19. Azimzadeh, M., Rahaie, M., Nasirizadeh, N., Ashtari, K. & Naderi-Manesh, H. An electrochemical nanobiosensor for plasma miRNA-155, based on graphene oxide and gold nanorod, for early detection of breast cancer. Biosensors and Bioelectronics 2016; 77: 99-106.

20. Zhou, X. et al. Phage-mediated counting by the naked eye of miRNA molecules at attomolar concentrations in a petri dish.

Nature Materials 2015; 14: 1058-1064.

21. Zadran, S., Remacle, F. & Levine, R. Microfluidic chip with molecular beacons detects miRNAs in Human CSF to reliably characterize CNS-specific disorders. RNA & DISEASE 2016; 3: e1183.

22. Li, B. et al. Two-stage cyclic enzymatic amplification method for ultrasensitive electrochemical assay of microRNA-21 in the blood serum of gastric cancer patients. Biosensors and Bioelectronics 2016; 79: 307-312.

23. Oishi, M.; Sugiyama, S. An efficient particle-based DNA circuit system: catalytic disassembly of DNA/PEG-modified Gold nanoparticle-magnetic bead composites for colorimetric detection of miRNA. Small 2016; 12(37): 5153-5158.

24. Bourgeron, T. From the genetic architecture to synaptic plasticity in autism spectrum disorder. Nature Reviews Neuroscience 2015; 16: 551-563.

25. Bokhoven, H. v. Genetic and epigenetic networks in intellectual disabilities. Annual Review of Genetics 2011; 45: 81-104.

26. Miles, J. H. Autism spectrum disorders-A genetics review. Genetics In Medicine 2011; 13(4): 278-294.

27. 사라제인 블랙모어; 우타프리스. 뇌, 1.4 킬로그램의 배움터; 해나무: 서울, 2009.

28. Field, Y.; Boyle, E. A.; Telis, N.; Gao, Z.; Gaulton, K. J.; Golan D.; Yengo, L.; Rocheleau, G.; Froguel, P.; McCarthy, M. I.; Pritchard, J. K. Detection of human adaptation during the past 2,000 years. Science 2016; 354(6313): 760-764.

29. Krause, J. et al. The derived FOXP2 variant of modern humans was shared with Neandertals. Current Biology 2007; 17: 1908-1912.

30. Capra, J.; Simonti, C. Neanderthal introgression reintroduced thousands of ancestral alleles lost in the out of Africa bottleneck. ASHG 2017; https://ep70.eventpilotadmin.com/web/page.php?page=IntHtml&project=ASHG17&id=170122963

| 4부 미래 |

1. 데이비드 색스. 아날로그의 반격; 어크로스: 서울, 2016.

2. 다카노 가즈아키. 제노사이드; 민음인: 서울, 2012.

3. 앨러나 콜렌. 10퍼센트 인간; 시공사: 서울, 2016.

4. Yuval Noah Harari. Homo Deus; Penguin Random House: UK, 2015.

5. Nick Lane. The Vital Question: Energy, Evolution, and The Origins of Complex Life; W. W. Norton & Company, Inc.: New York, 2015.

6. 스티븐 핑커. 우리 본성의 선한 천사; 사이언스북스: 서울, 2014.

7. 리처드 도킨스. 확장된 표현형; 을유문화사: 서울, 2016.

8. Um, S. H. et al. mRNA-Producing Pseudo-nucleus System. Small

2015; 11(41): 5515-5519.

9. Um, S. H. et al. A Fluorescent Tile DNA Diagnocode System for In Situ Rapid and Selective Diagnosis of Cytosolic RNA Cancer Markers. Scientific Reports 2015; 5: 18497-1~8.

10. Um, S. H. et al. Fluorescence-coded DNA Nanostructure Probe System to Enable Discrimination of Tumor Heterogeneity via a Screening of Dual Intracellular microRNA Signatures in situ. Scientific Reports 2017; 7: 13499-1~11.

11. Venter, J. C. et al. Design and synthesis of a minimal bacterial genome. Science 2016; 351(6280): aad6253-1~11.

| 후기 |

1. 마틴 브레이저. 다윈의 잃어버린 세계: 캄브리아기 폭발의 비밀을 찾아서; 반니: 서울, 2014.

지은이 **엄숭호**

미국 코넬대학교에서 생명공학 석 · 박사 학위를 받고, MIT 연구원을 역임하였다. 2011년부터 성균관대학교 교수로 재직 중이다. 한국생물공학회 홍보이사로 활동하면서 생명과학의 대중화를 위한 과학, 환경, 건강 분야 칼럼을 쓰고 국내외 좋은 글을 소개하기도 한다.
2017년 영국 왕립화학회 MRSC 회원으로 선출되었으며 유전자 기반의 첨단 생체소재 개발과 이들의 의약학적 응용 등에서 다수의 논문을 네이처에 발표하였다. 그 업적을 인정받아 미국 재료학회상, 미국 물리학회 MILTON VAN DYKE 상, 한국생물공학회 신인학술상 등을 받았다.
36억 년 전부터 우리 인간의 몸속을 타고 내려온 심오한 유전언어에 귀를 기울여 사회 전반에 누적된 다양한 갈등과 소통의 문제를 해결하고, 함께 어울려 살 수 있는 신(新) 유토피아를 꿈꾸고 있다. 이의 실현을 위하여 꾸준히 도서 집필과 연구 및 교육 활동에 힘쓰고 있다.

제4의 언어: 내부의 속삭임

1판 1쇄 인쇄 2019년 4월 10일
1판 1쇄 발행 2019년 4월 20일

지은이 엄숭호
펴낸이 신동렬
그림 엄인선
책임편집 구남희
편집 현상철 · 신철호
외주디자인 장주원
마케팅 박정수 · 김지현

펴낸곳 성균관대학교 출판부
등록 1975년 5월 21일 제1975-9호
주소 03063 서울특별시 종로구 성균관로 25-2
전화 02)760-1253~4
팩스 02)760-7452
홈페이지 http://press.skku.edu/

ISBN 979-11-5550-315-7 03470

잘못된 책은 구입한 곳에서 교환해 드립니다.